中國兵學大系

【06】

李浴日◎選輯

虎鈐經

《虎鈐經》

欽定四庫全書簡明目錄

虎鈐經二十卷

宋許洞撰其書指陳兵法上至占候陰陽下至醫療人馬一一詳備大抵彙輯舊文參以己意惟第九卷飛鶚長虹重覆八卦四陣及飛轅寨圖為洞自剏之新法

許洞上虎鈐經表

臣洞言重門擊柝所以待暴客弦弧剡矢所以利天下門龍韜而拓統奮虎略而禦侮自三代以來未有廢而不用者也伏惟

皇帝陛下稟德自天應時御世恢張皇猷啓迪帝範廓兩門之祲沴愈萬姓之瘡痍煥爀光明昭灼海內

臣叨生聖世伏膺古訓游　陛下豐草長林沭

陛下淳恩厚德不識不知順帝之則擊壤鼓腹有日矣臣曩者輙不量淺陋以蕞爾之志纂述作之道歲月寖廣卷軸斯備著書二十篇名曰虎鈐經要其書

上言人謀中言地利下言天時雖紛拏錯綜終始備具枝分派別凡在師中吉者必貫穿條舉其有引正道征不庭則堯舜之謀具矣伐四夷駁異類則周宣之武盡矣建廟謨開經濟則良平之策存矣用詭道出奇謀則韓白之機在矣聽禽鳥之聲察風雲之變則師曠離婁之議舉矣撮古人之志剖愚慮所得叢萃乎其間亦兵家淵藪也 臣 今者伏覩勅命高張六科俯待多士 臣 雖不佞竊敢任狂瞽之識黷聰明之化備陳韜畧運籌決勝科其所撰虎鈐經并目錄二十卷謹齋沐修戒燃香繕寫隨表以進干冒冕旒 臣

無任瞻天仰聖激切屏營之至謹具以聞洞誠惶誠
恐稽首頓首謹言

虎鈐經序

虎鈐經者將軍之事也臣素好奇正之變由是而言之也自古兵法多矣然孫子之法奧而精使學者難於曉用諸家之法膚而淺或用者喪於師律淺深長短迭爲表裏酌中之理誠難得焉又觀李筌所著太白陰經論心術則秘而不言談陰陽則散而不備以是觀之誠非具美臣今上採孫子李筌之要明演其術下撮天時人事之變備舉其占或作於已見或述於古人名曰虎鈐經然則奇謀詭道或不合於六經既爲兵家要用故必貫穿條纏以備載之六壬遁甲

星辰日月風雲氣候風角鳥情雖遠於人事亦不敢遺漏焉至於宣文設奠醫藥之用人馬之相得有補於軍中者莫不具載自爲一家之言創意於辛酉之初成文於甲辰之末其書二百一十篇分爲二十卷其年書就於吳郡鳳皇里臣洞頓首謹序

虎鈐經總目

卷之十

卷之十七

釁鼓文　　回兵

虎鈐經卷第一

天功第一

天道變化消長萬彙契地之力乃有成爾天貴而地賤天動而地靜貴者運機而賤者効力上有其動而下行其地矣是以知天之施地匪專也知地之應天有常也生機動則應之以生氣機動則應之以氣機正則泰機亂則否萬物列形而否泰交著見之於地焉豈止地之爲乎盖天道內而地道外者也王者天

也將地也將者天也士卒地也我天也敵地也由此觀其所動故負勝可知矣王之於將也閫外之寄擇賢授柄舉無所疑將必內應其正外務其順應以正則師律嚴務以順則臣節貞舉而禦敵詎有輿尸之患乎君恃智以自用倨禮而傲下授柄匪人任人不信將不正應內包猶豫之惑外喪馭衆之威矣舉而禦敵寧免失律之凶乎師之成敗見之於將焉豈將之爲乎將之爲任也智敵萬人苟無萬人之用與愚者同矣勇冠三軍苟無三軍之用與懦者同矣善爲將者正而能變剛而能恤仁而能斷勇而能群以策

敢吏士未有不振拔勳業以戡禍亂者也反是則吏士外無攻內多離散之勢勇怯見之吏士焉豈吏士之爲乎我之於敵也夫攻拔戰勝使敵不敢抗衡者豈敵怯乎由我威令整進退肅賞罰明也覆兵殺將弱國削地者豈敵彊乎由我不嚴師律故也夫如是亦自上而及下自內而達外其猶天地之用乎故天必藉地力然後運四氣正生殺也貴必藉賢力然後能立元功而建王業也

地利第二

地之形險易殊也地之氣寒熱異也用形與氣在知

逆順焉。昧此道者，不能得地利必矣。善用地者則不然。險而易之，易而險之也。夫居險用險必內潰，居易用易必內蹶。當有形之用，逆之者善矣。何謂險而易之？曰：簡以夷其政，要以節其動，用以緩其約，不以疎慢為失也。何謂易而險之？曰：進止戒嚴，內外無怠，用其謹慎，不以暴急為務也。如是者，乃險易之用也。以方位觀之，則寒熱之氣異也。當有氣之用，順之者善矣。南方之氣熱，北方之氣寒也。其氣異，則水土之性必相戾。逆諸人而使之飲其地脈，食其土毛，蒙其風氣，瘴癘之疾，凍溢之戾加焉。以我之不便，犯順方之人不有患乎天不能以氣順人君能以人順氣可也是故利不可以專一胡人之馬越人之航也各有便焉反是不可措手足矣行師者不能擇而用之斯亦更北南之所便也莫與其成功遠矣是知地之所利者可兼而有乎善用兵者擇利而從之善矣

人用第三

今之世取人也每務其多學而捨其偏技非良術也兵家所利隨其長短而用之也是以善撫恤者勿頻鬬慮其勞疲而無勇也善保守者勿使進攻慮其遲緩而不猛也多方者勿使與於决事慮其猶豫也多

勇者勿與謀敵慮其過輕也精悍者使鬬果敢者使攻也沉毅而性執者使據阻險見小而貪財者不可使守儲蓄智而善斷者可擇其言輕健者使誘敵剛愎者使當鋒利口喋喋者使行間善鼠竊狗偷者使盜號探敵惡言多罵者使之揚毀訾詈奇材異識者使預談論深識大度者使安衆崛彊多力者使斬關榛莽善隨地形結構者使度樹營柵怯懦者使輦運器用老弱者使備炊汲諳山川擇高下水泉之利者使地形妖言詐辭善張皇鬼神之心惟引天命者使揚聲惑衆以動敵心善擇地勢平易險阻知往來綱

大之蹊路者使通糧儲奇辭偉辨能架虛矜大者使
奮振威德耳目聰明探察敵人情者使伺候奸僞徵
才徤筆者使主牋檄明七曜休咎者為歷數之士善
占風雲吉凶者為候氣之士曉六壬遁甲者為選日
時之士語蓍龜者為卜筮之士是四人者雖推驗體
測陰陽各不可使相亂責其專一也医藥之人二十
人已上以兵數增之獸醫亦如医人之數大將軍權
通材者與之參議可否故我大衆之內有善有惡無
棄人焉人無所棄斯不怨則動有功矣

三才應變第四

易曰見機而作不俟終日故用兵之術知變爲大軍
雖氣銳而勝（一作過天時）而行列散潰旌旗紊亂金鼓不節
擊之可也或曰彼得天時詎可破乎許洞曰天之所
祐正也貼天時而戾軍政與天違也天人相違不凶
何俟故兵利以順應順也順而逆應之必凶之兆也
或曰軍乘天時誇有地利將吏驕怠謀畫不精軍陣
散亂如之何洞曰可擊也曰彼獲天地之利如何擊之
曰人者天地之心也苟心不正雖有其表將焉用乎
或曰軍違天時逆地利大將深謀沉毅部伍清肅進
退有節如之何許洞曰未可擊也曰不獲天地之利

矣謂未可乎曰亞則可以率天地之用草寇可爲王矣或曰彼如是也我之動將如之何許洞曰先以人次以地次以天然後攻之必克敵也曰先後如之何曰利爲主何謂主曰動爲客靜爲主觀敵之動何如乃應之夫書言動者不必戰陣時敵人先動爲客也但審揣敵人所爲之事謂之動則我以机應之不勝焉先勝而後舉神明之道也

三才隨用第五

大著吉凶以陰陽辨也地布險易以山川章也人包勇怯以戰陣見也苟一作有欲陰陽之順險易之利勇怯之用在于閑暇可得而擇也當彼我相逢各出不意

忽然交合。曷能擇所利而用哉。或曰。兩師不期逼於
險地。天地震晦。雨雪交積。山川不辨。當此之際。何以
禦之。許洞曰。大將止衆堅陣。嚴肅號令。雖敵來攻。勿
與交戰。俟天變少罷。觀弱彊之勢。而後進退之。曰。我
既安矣。彼自驚撓。則如之何。曰。以積兵乘之。又曰。倉
卒之際。大將以何術。卽能堅行陣。嚴號令。使士卒不
自驚亂。許洞曰。善用兵者。有動必備。預擇輕勇者二
十四人。八人。八方各三騎。相去一里。晝以旗。夜以鼓。過山川委曲叢
林茂密。晝亦鳴鼓。恐不見旗。第一騎見賊。晝舉旗。第二騎亦如之。
第三騎馳告。夜用鼓。如晝法。恐敵聞鼓聲急馳告。烟霧蒼塞風

雷震驚爲旗之不見鼓之不聞亟馳告斯謂八卦探騎者也是以值賊而能備焉苟天地有變則引輕兵突之大陣不可妄動凡大兵之常以輕騎數千人別分部隊爲游兵其將擇驍勇觀彼動靜而後擧焉故我常用其整也此皆隨天之變也或曰與敵卒然相遇或平原廣澤或山谷深峭或岐嶝窮隆或坳汚沮洳或草木蒙密俱是危地當其用之如何許洞曰迴渠迂一作汚澗可以衝車突馳也深嶮隘口可以少擊衆也長林豐草可以爲伏也原野漫衍可以騎兵相屬也草木隱障可以步士接戰長郊往來可進可退可以長戟當敵踰水跨遠高下相

保。不可得親近。可以長弩當敵。崖壁相隱。狹徑斗迴。
可以劍楯當敵。葦蕭蘆荻。枝葉朦朧。可以戈挺一作梃當
敵。此皆隨地之性也。或曰。寨柵之間。三軍已結。寇敵
乘間衝突攻擊。當此之時。如之何。許洞曰。使勇者據
其前。怯者匿其後。忿遽之時。怯者並驅而前進焉。必
挫鋒折銳。不若隱之也。曰。當此之時。何暇別勇怯之
用乎。曰。不然。善用兵者。防亂於未亂。備急於未急。結
營既定。預擇彊勇者衛外。怯弱者附之。所以慮晦夜
之急也。此皆隨人之性也。如是。順天地人預備之道
者也。故易之卦。以豫者。所也。取預備之象。為難之用

也。故曰重門擊柝。以待暴客。蓋取諸豫。用兵者可不審於此乎。

虎鈐經卷第一終

虎鈐經卷第二

辨將第六

國家行師授律生殺之柄大將所主將者國之腹心三軍之司命也可不愼於選乎苟欲命將預以精誠辨其可否者有四一曰貌二曰言語三曰舉動四曰行事其一曰貌凡眉上雙骨横起而隆巘者語言而不純者目反仰視者有坐在多虛驚者此六者人有其一斯人常蘊不臣之心不可使之也豐下銳上神

氣安詳者重德而善安衆人也目黑多白少點睛深而神氣與形相副者機度沉厚不可以詐動人也目睛熒朗五岳相照燕頷虎頤者心機疾速勇而有斷人也龜背虎膺者點睛深而朗徹瞻視詳諦而神骨聳峭者雄壯有智慮人也是五者人有其一可使之也至若神氣重濁骨相不正頭薄面淺頸大腹細目睛昏瞢點睛近上視顧不正此皆志氣淺劣智識庸鄙人也其二曰言語人有言肆而目駭視者心懷異圖也言枝蔓而不徑者心有隱也矜大人言善唯恐不至者黨人也言錯綜而無歸者心躁競也方言而

他覛者。心不誠也。言卑而色下者。心有所屈也。方言頻四顧者。其辭妄也。言人之短而覛不定者。誣罔人也。言多以私事爲憂者。顧妻子之人也。言大而理不精者。其學虛也。色悅而徐徐順人意者。佞媚人也。矜已善而斥人不善者。崛彊人也。言欲發而卻縮者。含蓄人也。言無公私必及利者。貪人也。色卑而言多諂者。志下劣人也。事曲而言直。氣悖而言順。鄙而言大。事不詳而彊能。理矯而彊正。此皆姦詐人也。是十有六者。人有其一。不可使也。言大而意精至者。有識度人也。言希而出必中者。志節人也。言動而必及國家者忠孝人也言奪而不迂者壯直人也辭寡而意懇者正公人也言多及軍吏之私者善撫恤人也言及陣敵喜動色者好勇人也言及細微而能剖析是非者有智人也言迂闊而卒近於理者識深見遠人也言少而事詳者大度人也語氣和而神色相稱者善納衆人也言徐徐而事備者性緩而有德人也言速而事當性急而不暴有識人也是十三者人有其一皆可使之也其三曰舉動行有狠顧者行與坐忽如驚恐者非時召語而手足紛拏者方食而不覺棄匙筯者行方而首傴口自轍斜動者行而唯恐有人逐

者。欲坐而頻四顧。如有所驚者。方言物氣上騰。神色自得者。行下多卑恭而不實者。視事覺已如不知而目宅視者。是十者有其一。此皆心不識實多蓄異人也。不可使之也。行欲如大賂。足動而身不搖也。坐欲如山岳。形神俱定也。臥欲如覆舟。神烝安詳也。此皆智度沉深。大節崇德人也。是三者人有其一。可使之也。至若神氣重濁。骨相不正。頭薄面淺。頸大腹細目睛昏憒。黠精近上。視顧不正。此七者。皆志氣淺劣。智識鄙人也。不可使之也。其四曰行事。有人行事先已後人者。好私人也。事繁多而用事不當者。無智人也。

作事不急於用者無益人也作事有首無尾者僞人也先急而後慢者卒衆庸人也事不求詳而輒爲人者麁疎人也巧妙而無裨急用者浮艷人也所措捨魯鈍而不適用者愚人也利害章章而不能析之者無識人也臨事而惧者懦弱人也進退不決者無斷人也記一而忘二者神昧人也事虛而構架廣大以善爲惡以惡人善者姦人也善候人之顏色隨所欲而言者佞人也是十四者人有其一不可使之也相事簡而用當者有喜怒之事不露於色者臨大事而神氣自若者此謂神有餘也人有微而不棄大而不

煩者。爲事不惧。美事不喜者。事有衆惑而獨斷之者。事有衆危而獨安之者。事有難動而獨動之者。事有難安而安之者。此謂志有餘人也。是十者人有其一。皆可使之也。是以知貌也者。神之聚也。言語也者。神之發也。舉動也者。神之用也。行事也者。神之本也。察其神。則盡其爲人之道也。大矣。況國之命將。可不審於此乎。

論將第七

萬機論曰。雖有百萬之師。恃吞敵在將者。恃將也。夫舉國之利器以授之。苟非其人。是輕天下。將何以爲謂小大者。各有四焉。八者皆無。何足以謂之將乎。其大者。一曰天將。二曰地將。三曰人將。四曰神將。其小者。一曰威將。二曰彊將。三曰猛將。四曰良將。凡興師舉衆。列營結陣。覘旌旗之動。審金鼓之聲。揆日度時。以決吉凶。隨五行運轉。應神位出入。以變用兵。敵人不測其所來。以神用兵。我師不知其所爲。動有度。靜有方。勝負在乎先見。持天地鬼神之心。以安士衆。此之謂天將者也。所至之境。詳察地理。（一作利）山澤遠近。廣狹險易。林藪之厚薄。谿澗之深淺。若覘諸掌。戰陣之時。前後無阻。左右無滯。步騎使其往來。戈戟叶其所用指揮進退皆順其情人馬無逼塞之困攻守獲儲蓄之利振野得水草之饒使人馬無飢渴之色陷死地而能生攻亡地而能存逆地而順用之順地而逆用之不擇險易皆能安而後動動而決勝者此之謂地將者也又若廉於財節於色疎於酒持身以禮一作令奉上以忠憂樂與士卒同獲敵之貨賂而不蓄得敵之婦女而不留納謀而能容疑而能斷勇而不淩物亡而不喪法匿一作原其小罪決其大過犯令者不諱其親有功者不忌其讐老者扶之弱者撫一作恤之懼一作驚者寧之憂者樂之訟者決之濫者詳之賊者平之疆者

押之。懦者隱之。勇者使之。橫者殺之。服者原之。失者扶之。亡者逐之。來者爵之。暴者挫之。智者昵（一作睔）之。讒者遠之。得城不攻。得地不專。敵淺以待變。敵詭以順會。逆勢則觀。順勢則攻。此之謂人將者也。又若以天爲表。以地爲裏。以人爲用。舉三將而兼之。此之謂神將者也。行師之時。無失天時。無失地利。無失其人。無有勇怯。聞敵而卽行。心無疑慮。犯令者罪無大小。必繩以刑。敵聞之卽畏（一作降）。當之卽破。此之謂疆將者也。師無多少。敵無疆弱。三軍順令。若臂使指。往復萬變。出其敵不意。舉動如神。匹馬單劍。摧鋒先入。使敵人失措。懼而遠遣。此之謂猛將者也。夫能以威爲表。以猛爲裏。以彊居中。兼三將而有之。此之謂良將者也。

國之任將也。得天將可以當違天之敵。得地將可以當逆地之敵。得人將可以當悖人之敵。得神將可以當天下之敵。舉無遺算矣。威將可附天將。上能順天下壯威武所宜附也彊將可附地將。上明地利下知進退所宜附也猛將可附人將。上明人心利害。下以精敢禦敵所宜附也良將可保四方。曰雖有敏捷之用。然皆不可以獨用焉。如是者。將之體也。

出將第八

王者既審定大臣之可否。以將之。於是居正殿召之曰。今某地不臣。願煩將軍應之。社稷安危。亦在將軍。乃使大史氏擇吉日。授之斧鉞。王入大廟。西面而立。王操鉞持其首。授之柄。曰從是以上至天者。將軍制之。復操其柄。授之以刃。曰從是以下至地者。將軍制之。將既受命。拜而報曰。臣聞國不可以從外理。軍不可以從中御。二心不可以其濟。疑心不可以應敵。臣既受命。專斧鉞之威。臣不敢生還。迺辭而行。鑿凶門而出。是以將之行也。不問妻子。示其忠於國。君之命將。不敢輕其禮。示其崇於用。將之於外也。君命有所不受。唯逐便利。國家是務。其於巳也潔。其於人也至。

是故將拒諫則英雄散策不從則謀者去善惡等則賢愚混賞罰亂則綱紀散多喜則不威多怒則人心離多言則機泄多好則智惑寬則衆懈暴則衆怨將專權則下歸咎將自善則下無功將納讒則正人離將好賂則士卒盜將內顧則士卒淫貶聲揮色所以自潔遜嫌遠疑所以自持沉機遠慮所以不失委時順變所以逮功恕物篤行所以婦愛昵善斥讒所以來遠先度後作所以應卒先信後言所以伏下信賞必罰所以正人明今鑑古所以照衆卑色貴人所以保終去私循公所以存國其神欲正其形欲端動欲如

風。取其順健也止欲如山。闞欲如雷電。機欲如鬼神。思欲如照影。令欲如雪霜。取其必殺也苟有此者。可以當國之大命矣。

軍令第九

大將既受命。總專征之柄。犒師於野。畢而下令焉。不從令者必殺之。夫聞鼓不進。聞金不止。旗舉不起。旗低不伏。此謂悖軍。如是者斬之。呼名應召之一作引不到。徃復愆期。動乖師律。此謂慢軍。如是者斬之。夜傳刁斗怠而不振。更籌乖度。聲號不明。此謂懈軍。如是者斬之。多出怨言。怒其不賞。主將所用。崛彊難治。此謂横軍如是者斬之揚聲笑語若無其上禁約不止此謂輕軍如是者斬之掌器械弓弩絶弦箭無羽鏃劍戟澁鈍旗纛凋敝此謂欺軍如是者斬之妖言鬼辭撰造鬼神託憑夢寐以流言邪說恐惑吏士此謂妖軍如是者斬之姦舌利嘴鬬是攢非攢怨吏士令其不協此謂謗軍如是者斬之所到之地淩侮其民逼其婦女此謂姦軍如是者斬之竊人財貨以為利己奪人首級以為己功此謂盜軍如是者斬之將軍聚謀逼帳矚垣竊聽其事此謂探軍如是者斬之或聞所謀及軍中號令揚聲於外使敵聞知此謂背軍如是

者斬之使用之時結舌不應低眉俛首而有難色此謂狠（一作愎）軍如是者斬之出越行伍爭先亂後言語諠譁不馴禁令此謂亂軍如是者斬之託傷詭病以避艱難扶傷舁死因而逐遠此謂詐軍如是者斬之主掌財帛給賞之際阿私所親使吏士結怨此謂黨軍如是者斬之覘寇不審探寇不詳到而言不到不到而言到多而言少少而言多此謂誤軍如是者斬之營壘之間既非犒設無故飲酒此謂狂軍如是者斬之此令既立吏士有犯之者當斬斷之時大將以聞諸將曰罪當斬遂令吏士扶於外斬之斬斷之後使

傳令告諸吏士曰。某人犯某罪。適與諸將議當斬。已遠斷訖。公等宜觀此以自戒。是大將以禮行罰。使士卒無寃死。與衆有畏心矣。故軍法者將之大柄也。可不重乎。是以呂蒙涕泣而斬鄉人。穰苴立表而誅莊賈。此者皆先尊法令後收功名者也。

船戰第十

夫水戰之時擂一通鼓吏士皆嚴肅再擂一通鼓士伍皆就船整待（一作治）櫓造戰士各（一作爲）持兵器就船各一（一作爲）當其所幢幡鼓角各（一作爲）隨所戰船鼓三通大小船以次發左不得右右不得左前後不得摽越違令斬

之

步戰第十一

夫步戰之法擂鼓一通步騎皆裝再通上馬步皆屯三通以次出之隨幡住（一作往）者結屯住（一作往）幡後聞鼓音整陣斥候者視之地形廣狹從四角面立表制戰陣之宜諸部曲各（一作爲）安部陣兵曹舉曰不如令者斬之若欲結陣對敵營先立表乃引兵就表而臨皆無諠譁明聽鼓看旗幡麾前則前麾後則後左則左麾右則右麾不應令而擅前後左右者斬伍中有不進者伍長殺之伍長不進什長殺之什長不進督兵者殺

之督戰之法將則拔刃在後察違令不進者卽斬之一步受敵餘步不進救者斬臨陣兵器弓箭不可離陣離陣伍長什長不舉發者與同罪無將軍令而妄行陣間者斬臨戰陣騎兵皆在軍兩頭前陣及騎次之游騎在後若步騎與賊對陣臨時見地勢便欲使騎獨進討賊者聞三鼓音馳騎從兩翼進戰視麾所指聞三金音卽還此謂獨進戰之時也步騎大戰進退自如法焉

虎鈐經卷第二終

虎鈐經卷第三

兵機統論第十二

臣聞兵者陰也陰之德以虛爲用而應於體也月者大陰之精氣也朔望不常何也蓋由以虛爲變也兵

者旣爲陰類則其機宜常虛含變以法月也能以虛含變應敵動必利矣觀乎天文之風雲星辰有吉凶者天將也得其吉象不可恃之恃之者凶得其凶象不可懼之懼之者銳苟不知天象之吉凶者是虛其機而應天者也觀乎地理山川險易有生死存亡之途者地之利於人也善用兵者於地也無生死存亡觀彼我之勢察去就之情何如爾然後乃順其事而用之也苟不知地理之險易者是虛其機以應地者也觀乎人事强弱利害有勝敗之勢者事皆係於人也苟以變合於事强弱利害有勝敗之勢者事皆係

於人也苟以變合於事事合於時時合於理者無强弱無利害則敗勢可以爲勝勝勢可以爲敗也苟不知人事之勝敗者是虛其機以應人者也是故善戰者雜於凶而難可釋雜於吉而難可壯吉凶交雜而能不惑於用者此可以上不畏天矣雜於險而事利雜於易而事難險易交雜而能常處其變者此可以下不畏地矣雜於（一作其）利而敵見其害雜於害而我敗（一作馭）其利利害雜交而不能屈於敵者此可以中不畏人也知此三者而用兵其盡三才之變乎自古兵法及臣所著之書其間申明利害者蓋以直指其形貌

者爾以臣所謂能審一時之機者其在天也無吉凶其在地也無險易其在人也無利害

軍範第十三

用兵之道先正其禮次淵其謀次擇其人然後詳天地之利害審人心之去就行賞罰之公慎喜怒之理擇進退之地張攻伐之權明成敗之畧度主客之用能愛人之生者可使人捨生而赴死能親人之身者可使人捐身而犯難是故光親於人俾人然後親之先勝於敵就敵然後勝之故用兵必以糧儲為本謀畧為器强勇為用鋒刃為備祿位為誘斬殺為威强

弱相援勇怯相閒前後相趨左右相赴遠近相取利鈍相蔽步騎相承長短相用長兵短兵之用也敵欲堅陣我則突其不意敵欲直衝我則備其所從攻必先攻其所寡擊必先擊其所動薄者可突長者可截亂者可惑疑者可恊夫軍之爲政也勞在乎役無度怨在乎賞不均弱在乎逼迫窮在乎絶地離在乎將失道懼在乎將無勇飢在乎遠輸渴在乎窮井軍之爲逸也樂在乎安靜利在乎賞罰當其死在乎軍檢正成其功在乎戰陣詳如此者戰陣之術也軍之即於戰陣也從生擊死從實擊虛從整擊亂從利擊害從逸擊

勞從有餘擊困窮中陵之戰不仰高不速深不衝隘不遠追水上之戰不違風不逆流林中之戰不連翳不相馳草上之戰不涉深平陸之戰不遠離此戰法之利也軍之禁也不節語言必泄不峻令行必亂不行賞士必怠行伍紊亂由於昧暗（一作旺）在明察以正之晦夜驚怖在鎮靜以嚴之是以知陣之嚴整軍之來也軍吏畏愛將之裏也軍之所親將之所在非智賢孰能與此乎

教戰第十四

諸教戰陣每五十為隊從營構緝搶蟠教場左右廂

各依隊次解幡立隊伍相去各十步分布使均其駐
隊塞空去前隊二十步列布訖諸營士卒一時即向
大將麾下聽令每隔一隊定一作戰隊即出向前各進
五十步聽角聲第一聲絕諸隊即一時散立第二聲
絕諸隊一時捺槍張弓捲幡拔刀第三聲絕諸隊一
時舉槍第四聲絕諸隊一時跪膝籠槍坐日看大將
黃旗耳聽鼓聲黃旗向前亞皷聲動齊喝嗚乎乎去聲齊
向前到中間一作界一時齊喝聲殺齊入賊退敗訖可趁
行三十步審知賊徒喪敗馬軍從背逐北聞金鉦動
即須聽去行噂上架槍側行面身本處散立第一聲

絕一時㮈槍便解幡旗第二聲絕一時舉槍第三聲
絕壹時旗隊一看大將處兩旗交卽五隊合爲一隊
卽是二百五十人爲一隊其隊法及捲幡舉槍旗隊
鬪戰法並依前一看大將處五旗交卽十隊爲一隊
卽是五百人合爲一隊其隊法及捲幡舉槍旗隊鬪
戰法如前聽第一聲角絕卽散二百五十人爲一隊
如此凡三度卽敎畢諸士卒一時聽大將賞罰進止
第三聲角絕卽從頭引隊伍還軍

先謀第十五

用兵之要先謀爲本是以欲謀行師先謀安民欲謀

攻敵先謀通糧欲謀疏陣先謀地利欲謀勝敵先謀人和欲謀守據先謀儲蓄欲謀強兵先謀正其賞罰欲謀取遠先謀不失其邇苟有反是而用兵者未有不爲損利而趨害者也是故聖王之兵先務其本本壯則末亦從而茂矣苟能知利害之本謀以禦敵雖有百萬之衆可不勞而克矣

先勝第十六

孫子曰勝兵先勝謂先定必勝之術而後舉也何謂先勝許洞曰先務三和次務三有餘次務三必行何謂三和曰和於國然後可以出軍和於軍然後可以

出陣和於陣然後可以出戰國不和則人心離軍不和則教令亂陣不和則行列不整不先務此三和之道何其可戰耶何謂三有餘曰力有餘食有餘義有餘也力無餘則困於鬭食無餘則怠於時義無餘則吏士怨不務三有餘之術師其可動耶何謂三必行曰必行其謀則奸機不成必行其賞則好功者不愛死必行其罰則有過者不歸咎不務三必行之道人其可用耶是以知善務和者公無私捨小惠務大惠善務有餘者力諸事而不自怠善務必行者與勇斷去猶豫之謂也舉是九者務令預定之於前則萬變

千機然後動乎其中矣卒此以禦敵未有不勝者也
故曰勝兵先勝者勝在我也其在易曰先天不違之
義也

勝敗第十七

用兵之術戰勝不可專專勝有必敗之理戰敗不可
專專敗有反勝之道戰勝而敗者有五急難定謀狐
疑不決一敗也機巧萬端失於遲後二敗也機事不
密三敗也似勇非勇似怯非怯四敗也主將不一五
敗也此五者皆戰勝而反敗也戰勝而欲必勝者定
謀貴決機巧貴速機事貴密進退貴審兵權貴一也

勢敗而反勝者有四吏士飢渴所愛啗之割所愛者謂在急難之中殺所乘駿馬愛妾以啗吏士也衆有飽之用矣吏士恐懼奮身先之衆有勇之用矣期應不到殺其所昵所昵者謂所嬖倖或子弟諸姻同在軍中若有主守者犯命則先殺之也衆有懼之用矣人有疑惑陰爲鬼詐鬼詐者謂詐爲狐鳴叢祠中之類也或假托卜筮百端不一衆有天之用也天謂天所授也如是者以敗爲勝也勝敗之術非勇決神智安能行之耶

知姦第十八

敵使來目數動色數異而言肆者刺客也敵未困而請和者謀也敵卑辭厚幣者驕我也使雖頻來爲寇

不止者侮我也厚貨啗我左右者欲搆我容我也使來言語辨利欲兩國休解者將掩我不備也使言崛強者欺我也敵使有此七者宜細詳之將為挾之謂譎見之時以操兵者挾轄而見謀者反其謀謂偽詐之郤掩其不備也驕者反其驕拒其辭幣使敵人信我為驕也侮者凌之舉兵其無禮搆者示之佯不知而反示之以虛事也將掩不備復之佯聽其說反掩其不備也欲者誅之誅無禮以威敵留使者不可久久則知我微不若殺之是以知姦之道兵之本也不可不審

奪恃第十九

敵無恃不可以為寇欲審者豫審而奪之敵之為梗

或以强或以隘或以勇或以緩之謂也奪强以氣奪隘以動奪勇以威奪緩以誘夫敵以力有餘而加於人我則以緩伺其力衰而乘之此奪氣者也敵以嶮地壁守或盈隘而陣我雖士民豐逸不可以强取守者以利暢其心否則以動則攻之陣者以勢逼其敵否則俟動隨而衝之此奪隘者也關塞營壘糗糧所搤預于要路伏兵絕之必力奪其輜重敵可使飢此奪緩者也人逸馬良恃强輕戰可據隘設伏示弱以誘此奪勇者也不知四奪不足以語奇也兵術萬途不可專一先能奪其恃則彼力衰半矣

襲虛第二十

襲虛之術有二焉一曰因二曰誘何謂因曰敵兵所向我亦佯應之別以精兵潛出虛地或攻其壘或斷其後或焚其積聚也何謂誘曰欲敵之要地則不攻而佯攻其隣大其攻具盛其師旅以誘敵兵敵兵到則勿與戰復於壁守潛以精銳襲所出兵之城而掩其內此二者皆襲虛之道也

任勢第二十一

兵之勝敗非人之勇怯也勇者不可必勝怯者不可必敗卒由勢焉耳勢之任者有五一曰乘勢二曰氣

勢三曰假勢四曰隨勢五曰地勢勢之敗者有三焉一曰剉勢二曰支勢三曰輕勢凡新破大敵將士樂戰威名隆震聞者駭懼廻其勢而擊人者此之謂乘勢者也將有威德部伍嚴整士有餘勇名譽所加懾如雷霆此之謂氣勢者也士卒寡少盛其鼓張其旗爲疑兵使敵人震懼此之謂假勢者也因敵疲倦懈怠襲擊之此之謂隨勢者也合戰之地便其干戈利其步騎左右前後無有陷隱此之謂地勢者也用兵者乘此五勢未有不能追亡逐敗以建大功也又若累戰累敗吏士畏於戰敵此之謂挫勢者也挫勢者言曾於

（敵人控辱故言勢不利也）將無威德謀慮賞罰不當吏士之心率
多離散此之謂支勢者也吏士諠譁不循禁令部伍
不肅此之謂輕勢者也凡用兵有此三者未有不敗
軍殺將者焉是故乘勢（三一作五）在我可以指揮進攻矣任
（一作五）勢在敵我當有道反能擊之若夫敵有乘勢而到
者未可與戰堅壁固守待之曠日持久敵心必緩於
始到矣俟其攻無所拔掠無所得敵之衆心益以慢
矣當於中夜潛令驍勇襲其營壘攻其無備乘其亂
出精兵兩道擊之（地勢便一作壁中鼓則兩道出不便則一道出壁中鼓譟）
應之如此則可以破其敵者矣敵有恃氣勢而到者

可以後潛精兵僞示以老弱敵進攻則發伏擊之必勝矣何謂也許洞曰氣勢在人者止用勇敢疾速爲務鮮能精謀慮彼見老弱必輕進轢（一作礫）凌之堅陣以俟一鼓不勝鋒必挫反爲我乘矣敵有以假勢而到旗鼓之盛埃壒之多矣（旗鼓或靈衆埃壒或以屯戰）預料敵國兵如國有十萬之衆侵伐之地不及五萬之師矣降之不溢三萬矣國有百萬之衆侵伐之地不及五十萬之師矣降之不溢三十萬（謂其各有屯援之地及死亡之所或敵兵不能盡到侵伐之地）以此料之百萬之國其衆來者有百萬六十七十八十九十萬之旗鼓與號令者必不溢四十萬矣餘

皆疑兵也十萬之國其衆來者有四萬五萬之旗鼓與號令者此必不溢三萬矣餘皆疑兵也（敵國大小敵衆多寡皆以此類數知之也）是以知旗鼓多者其兵少矣不可怖但以精兵出其不意必敗矣或敵探我動靜者爲我所知卽詐示以疲倦懈怠使知之敵必隨勢而來預於諸閒道及通衢陰伏銳兵俟之（先令細人密探敵人舉兵之期然後設伏以待亦可）過半則邀擊之敵得地勢以薄我未可與戰堅壁觀之持久則衆心怠夫得敵有剉勢者可以自外擊之敵有支勢者可以自內擊之敵（內攻爲用間益其敵必然後擊之也）有輕勢者可以突之（掩不備也）此隨敵三敗勢攻之也以

此言之是故多勝者非強也多敗者非弱也率由勢爾夫水之柔弱方圓任性而能漲（一作寢）隄漂石者水之勢也火之剛（一作測）炎亘天而起者火之勢也薪木既灰而滅影者木之勢也故用兵之道既知水火之旺敗則盡於勢之用矣

使間第二十二

周禮巡國傳謀反間也用間之道聖人以用兵決勝不可不間用間決中不可不密苟非大智孰能臻於是乎故間之行也覩事而舉其術有八焉其一曰兩國相拒兵抗其境詐爲疲困畏惧潰漏其言厚貨詔

敵所愛倖因以所求中之次使使者致玉帛子女與駿馬精佩之飾以求和解覺其驕慢陰選精兵分道早夜兼進以乘不備此以使者為間者也其二曰或敵口生以所謀漏(一作泄)之(謀皆虛者非實也)俾得聞焉陰緩使遁去令敵得所謀而信之我行則不然也此以敵人為間者也其三曰敵來間我詐為不知也及事示之敵將偽事我則出不意而擊之此反求來言以為間也其四曰敵以間來厚賂之令反其言以間敵此反以來人為間也其五曰與敵人戰佯為小敗亟引兵深壁示以懼色乃選語言鄙鈍無智慮者使於敵令

盛張皇我軍之强盛俾敵知爲間者必以我爲惧以强詞來間也既行即舉奇兵隨而襲擊之此以明間而爲間者也其六曰敵有內寵令心腹者以金寶饋其家使潛搆敵情此以內變爲間者也其七曰敵有謀臣則潛行賂敵親信搆讒於內外以事應讒者言使君臣相疑自相殘害此以讒人爲間也其八曰求敵所委信者副其所欲陰求其動靜言語者此以鄉人爲間者也是以知間者兵家之要妙也苟非賢智莫能用之故用間之道在乎微密潛誠此良將之所注意也

分守第二十三

守備不可以譏善守者如環使敵不得其間而入焉夫人之治身者血脉往來通暢於四肢則安寧矣或一脉不來一氣不通未有免於病者是以善用兵者雖四屯急難則如首尾相顧而不窮斯爲妙矣

虎鈐經卷第三終

虎鈐經卷第四

十可擊第二十四

敵人信鬼多祈禱者必懷疑懼不能任人放也一可

擊也敵惟務天時擇其方位覩其雲氣不顧地形之險易不詳人心之逆順二可擊也敵止以地利爲擇不能整肅號令嚴戒行伍三可擊也結營分陣時多動移者此多疑恐四可擊也軍發言無誠實事多利已吏士怨怒五可擊也將吏淊怠六可擊也結營之地四要無防（四要者四而開道也）七可擊也將取人無禮八可擊也賞罰顚倒九可擊也將士多輕十可擊也苟欲擊之先令細人密構其實而我乘之然後行擊必中矣我師亦宜以此自爲戒焉

五不可擊第二十五

兩師相去數里見敵兵疲弱懈怠號令不肅僉謂敵
人可擊也而我未備知敵地之形勢或汪污拗沮或
曲道相杖高下相承叢林茂草當應敵示弱而匿其
強示不肅而藏其整示無謀而匿其智示遠而弊在
近知是而敵久不退者必有奇謀一不可擊也合戰
未久敵師未甚傷殘卽棄其鼓旗疾奔者勿逐之必
有伏兵二不可擊也我之生口為敵所獲一旦遁歸
以敵事語我或獲敵生口亦以敵事語我皆敵謀也
勿信之三不可擊也敵師乘勢鼓行進攻於我則勒
兵堅陣待之（俟其氣衰）蓋乘勢之兵氣盛鋒銳與戰必不

利四不可擊也敵結陣不顧死絕之地而鼓旗整肅者五不可擊也

五異第二十六

太公曰智與衆同非人師也伎與衆同非國二也動莫神於不意勝莫大於不識孫子曰善戰者其勢險其節短率謂異諸常也是以善用兵者其異有五一曰險二曰輕三曰危四曰愚五曰畏窮途邃谷死絕之地敢壘夷整馳突之所衆以險也去焉我當內軍固陣外若不整以誘敵內嚴部伍外若有畏以驕敵彼既不識隱之以變衝之以卒此用險之道也彼衆

我寡力殫糧絶勝勢在彼敗勢在我當歃血誓士嚴令厚賞進退以必死提寡少之兵突強禦之衆以我爲輕也當有輕之用由窮地而鬬生門反輕而決焉此用輕之道也敵強攻急師人大震衆以爲危我不以忩遽自亂當有危之用嚴號謹備以天命慰撫吏士外閑其貌內潛速其機以奇出兵此用危之道也敵人以間來間我佯不知而受之敵人以探來探我佯無備而設伏待之敵以我愚也當有愚之用反而智焉此用愚之道也望敵之兵來退縮守壁見敵之使來卑辭下氣如欲和解衆以我爲畏也當有畏之

用退縮則設伏而攻之出奇衝之欲和解則以利動之以卑孺之此用畏之道也是五者反衆之法也衆以我爲險者我用其利也衆以我爲輕者我用其決也衆以我爲危者我用其安也衆以我爲愚者我用其智也衆以我爲畏者我用其勇也故太公曰不能推移不可語奇此之謂也

五機第二十七

兵有五機一曰地機二曰事機三曰勢機四曰利機五曰神機列營布陣先據要害敵取逆我取順動息是謂地機審探敵事因而爲之以中敵情使敵不知

爲我所覺得以欺敵是謂事機鼓十人之氣爲百人之用鼓百人之氣爲千人之用威名氣焰動如雷電所當者破是謂勢機糧芻儲積士馬習閑凡敵境糧道通利是謂利機敵人料我於前失之於後料我於遠失之於近動靜出入敵不能察是謂神機用兵以五機應敵未可不能攻城掠地者也

被圍第二十八

我師爲敵所圍可以力守者三外有援兵一可守也人士勁勇芻粟豐備二可守也城池完固民人富庶三可守也可以決戰者三外無援兵一可戰也人勁

馬壯甲兵堅利儲畜不備二可戰也城池不完士民窮匱三可戰也守可以必守戰可以即戰何謂必守許洞曰盡我力焉援之不到俟敵困懈出奇以戰（如光武昆陽水上鼓譟而出如田單即墨火牛之類是也）何謂即戰許洞曰既圍即戰謀未備也圍久則困（一作用）焉被圍之師不可出者二敵無故開圍一角者有伏也退圍數里者謀也示以老弱者誘也可以急備者二敵攻其西謹備其東（一面皆如之）敵示以閑暇者此必緩我而欲求懈隙將衝突也夫被圍者當其安內而後反其外可也

圍寇第二十九

逐寇於城隍壘堡逼而圍之者踰數旬不變非克敵之術如圍中士馬精壯兵器堅利芻糧豐溢外有援可俟者宜樹土山濬渠池去圍百里廣途間道築壘備之人數不可多隨地大小用之盛其游兵分部往來提舉遇急則救應之圍中寇敵窮匱盡以可守復生他計則伏精兵於敵路以待（敵路者謂敵人本圍要路反歸路也）實三而兵士嚴爲備禦開圍一角令得生路敵不奔則戰（在圍一心死守出圍則心散各求生路）奔則伏兵發戰則志散此可以必克矣是故圍寇之道不可以堅守爲事易曰窮則變變則通此之謂也

防敵第三十

深入敵境寂然不逢一人不可輕動防有伏焉宜詳審四衝之雲氣秣馬勵士坐皁以之結營之地俟夜於營數里四圍各以勁勇之士伏强弩利楯多列鼓鼙有賊遠發擊鼓爲號賊擊衛兵則中營出輕兵援之賊擊中營則四面夾攻之中營堅陣坐以俟變而已賊退則隨之勿副之中營亦隨而進焉夫頓兵敵境暇則秣食不常其時備不測之寇所行之地遇平川大澤分五方之師左右前後人等差隨時去中軍不可過遠大將軍處于中軍隨軍芻粟處於中軍營

賜賚貨處于中軍若山川險狹則斂左右二軍前後如故焉與賊相遇不可忽遽周慞當實畏戒嚴俾吏士若臨大祭鼓則進金則止不金不鼓湛如停淵雖使之奔衝馳突不可要動何也曰凡深入敵境與常戰不同地形我不細究其逆順叢林我不深曉其厚薄但堅其大陣於陣中數出奇兵左右掩逐利則進不利則止貨則掠人則殺而已此皆深入之道也茍不先備而俟之必有驚撓刼奪之困可不慎哉

候敵第三十一

兩師未合先候敵人之情故其過之偏才皆可見之

也其有猛而輕死者可伏而挑之智而遲者可逼也機事速疾而不精者可誘也機緩而精者可抗也自伐者可鬭也信人者可詐也不信人者可離也剛愎自用者可擊也親愛人者可侮也（侮一作悔）貪者可賂也鄙者可奪也廉者可汚也清者可辱也畏鬼神可驚也懦而善用人者可欺也將有是十五者擊之無疑也卒使用無時者可擊也士馬秣食無時者可擊也結營之地無出入之便者可擊也臨陣諠譁約之不止者可擊也營柵無泉源溪澗者可擊也動而不能避日耗月刑者可擊也請將爭功者可擊也謀臣放

逐者可擊也吏士怨怒者可擊也傳呼不應節者可擊也是十者能候而擊之無疑焉孫子曰候之而知動靜之理者此之謂也苟不能候敵之情而浪與戰者是謂舉衆與敵也

追敵第三十二

敵戰既敗可以追之者五不可以追之者六何謂也口彼勝氣可追者一也步騎散亂奔多顛躓不成部伍二也奔其鄉里赴其城壁三也前有生路可往士卒無鬭志矣輜重甲兵散而不收四也主將已死五也又若敵人雖敗倦氣不滅一不可也舊溪澗水流忽一作急絕者盜已

過二也慮其絕水之計耳敗軍遁走行伍不甚亂旌旗不甚錯三也慮其詐敗欲我逐之然後發其伏兵者也吏士奔走不甚蹶蹟步騎不相參錯四也慮其亦詐也詐則心安故走不蹶也敵敗失道左右山谷前亦如之五也無路可走必還而致死途窮食盡吏士未甚散六也是以可追者急追不可追者堅壁而觀必有利害之變矣俟舉兵我則利進而害退也

詭敵第三十三

兵石詭道也卷舒萬變雖天地鬼神不可使測之不可[illegible]之一作能知之是故詭敵之道其術有二一敵使到以權臣私之豐賀貨露誠疑為結使者之術使其信我不

疑然後以憤（一作怨）惑之復以國家事泄（皆以國家虛實似是而非者）旣密乃反搆敵意料不以我爲疑卽以通情於敵君示舉兵期與地以內應之待期（一作奇）則以精兵出不意擣其虛我外通之其術一也（內應號皆虛號也亦爲我臨兵之害）募勇敢者以爲待一且佯爲怒笞之見血卽潛使竄敵復因其妻子俾知之而爲怨（一作怒）我以密事告（亦虛事也）使傳聞於敵詐言以某時當加兵於某處我潛應其言及期果與言合乃陰出銳兵攻其不意其術二也此皆以奇爲勝者兵之要道不可以不詳於此也

困敵第三十四

敵有謀臣以間疏之敵有積聚細人焚之敵有種植斯而刈之敵有民人強而（一作以）虜之陰賂敵之密人使進敵美女以惑其意獻良大駿馬以蕩其心多方以設之逆其外困而內惑則國事懈矣然後舉兵伐之可不勞而功立矣善困兵者常謀困敵敵困則我逸矣以逸擊困尚何敵之不克哉

周備第三十五

一方之地一界之內一城之間分兵守之要地則盛兵防禦量人數多少分爲步騎中營大將所居外皆環列營陣所備之地不空虛焉敵來襲擊四面而皆救

援急則引中營之兵以赴焉表裏互相救也慮敵人擊其一處則立左右營陣以護防矣

遠近第三十六

兵者詭道也詭可使虛爲實遠示之近近示之遠故遠近之用其術有六善攻敵者聲前掩後聲東擊西出敵所不趨趨敵所不意利而誘之安而動之逸而勞之飽而饑之覘其無備卒然乘之其衞一也所臨之境界於洪淵大壑不可卒濟即駐兵築壘鑿掘劉木廣爲舟航示以必濟也如不可卒辦之則令彼中備此行我則不然也夜陰令精兵御枚于他處舉筏而渡擊沿流屯守候

彼衆亂大兵筏而隨之其術二也加兵之地斷敵之路大軍陰謀以詭敵敵聞焉如以爲然所備必緩即陰令輕捷者從間道以懸梯行索接續以亟渡出其不意我即令大軍以應之其術三也兩陣相向敵人皷躁挑戰勿即應久之則徐徐引退敵來薄陣即亟出驍勇衝其心後軍張翼而從之其術四也交戰既酣陰以奇兵分左右翼自陣後兩出擊之使外潰而內駭焉其術五也敵戰時於大戰後以精兵伏之不施旗皷唯以强弩劍楯戈鋋藏隱于身埋伏山林深草之處伺前戰大戰令後伏兵先出强弩射之後麾

前戰兩向兵徐逼敵佯敗誘追伏動則撲之其術六

也此六者皆示以近而取勝在遠也如是者奇正之

謀也孫子曰兵以正合一作才以奇勝此之謂也

虎鈐經卷第四終

虎鈐經卷第五

料地第三十七

用地之法考地之形勢有六焉一曰通二曰挂三曰支四曰隘五曰險六曰遠我可以往彼可以來曰通

居通地利乘高待敵後通糧運障其間道絕敵之潛來用戰則利也我可以往彼難以反曰挂居挂地先詳敵無備伏兵絕其歸路則利焉敵有備而出則自躓焉我出而不利彼出而不利曰支居支地若敵引兵而去是誘我也勿擊之待其自出薄我則擊之利焉守山谷之口界乎兩向峭絕曰隘我先居隘地整其營陣待敵絕衝突之患若敵先居之盈陣待之言盈陣者實隘絕隘口如攻不盈則從其它攻之利焉處高待下處安待危曰險居險地我先居之利以戰若敵先居之勒兵退乃見其利焉與敵相去營壘之遙曰遠地

敵不先進但挑戰戰則不可進必有伏焉敵不戰而引退亦不可逐逐則不利故古人云用兵之道地利爲寶此之謂也

生地第三十八

生地者謂左右前後非死絕之地通糧道進退皆利也生地雖曰兵家之利可以用者六焉若夫懸車深入一可用也士馬精壯陣勢習熟二可用也將明令嚴三可用也我強敵弱四可用也大將夙著恩使吏士服從五可用也吏士樂戰六可用也其不可以用者有三焉士卒顧家者一不可用也前無利誘士卒

退心二不可用也進則害退則利三不可用也茲生地之利害可不審乎

死地第三十九

死地者謂背山負水糧道生路皆絕也死地雖曰兵家之害可以用戰者四焉將之恩威未著吏士未服一也我兵與敵等我力戰則利畏戰則害欲令吏卒死戰者二也爲敵所逼糧芻將竭三也前軍旣破後軍尚固四也其不可以用者三焉彼衆我寡一也利害未審矯衆强爲二也將心猶豫三也

料山第四十

山勢迫而障於近者勿營慮伏在側也山亞而遶林薈者勿營慮四週有伏也山廻於路者不可妄行慮伏在前也山伏於後者速過急以兵守其後慮為敵所絕也左右前後皆山我頓軍於中者細宼其往來之蹊路涸諸間道以兵守之凡諸山坂及野地者有林近我我利若得之戰則為伏急則為藏守則為薪也苟能知山林之利害者鮮不勝也

料水第四十一

頓軍之地水流而清澈者食之上也水流而黃濁有沙者食之次也流之黑者食之下也水黃黑以膠得投之可以清

設或水停而不流者勿食水流而上源在敵者勿食水流而中有黑脉不定毒流者勿食食者死水多糞草者勿食食者病水上有人狗彘之尸者勿食如無水可食當於其側穿井以汲吏士營必以水暫憩必以水若將有所涉也水流而或盈或減者勿涉必有壅囊之機水止而爲陂爲沮洳限於路者勿涉必有澤淖之陷水在敵要地而無甲兵防之者未可即涉先令輕兵搜驗山谷崎岸處有伏焉欲奪敵之力者先奪其水得之上流者美莫大焉

料塵第四十二

敵之始來塵有條而散漫者曳薪也穗起而驚亂者塵車來也塵高濃厚渾渾而起者騎兵來也卑而廣奮奮而起者步兵也兵少而塵散亂者部伍不肅也兵多而塵淸者部伍按行將之合整也塵埃左右前後起者使人無常不可軍動而塵埃條條而起者不散漫軍止而塵亦止者此皆大將威德行部伍整肅故也列營結陣之時有塵起飛者隨所起處防之必有賊兵潛到臨賊以塵爲候亦料敵取勝之術者也

料敵陣第四十三

敵陣稍長心籌者我軍當自堅其稍先以勁兵力衝

敵陣之心力困則益兵進之俟敵陣稍動而來救於心則退衝心之兵復堅我陣俟敵陣稍動則麾我兩稍之兵乘若敵陣心實而稍圖不可輕擊俟變而後動焉若敵陣於死地部伍齊肅如一者此將賢而兵精也不可輕擊焉陣於死地部伍不肅多動多譁旗幟撩亂此皆將軍愚昧不能擇地利使士伍心動故也可追而擊之必勝也若陣於生地人馬利於出入行列嚴整旌旗如畫金鼓應節人無喧囂此將有謀而善於得地利者也不可輕擊敵陣於生地令不嚴肅行列不整進退不節此蓋將內不能曉軍政外不

能擇地利故也吏士之心必不固可放兵擊之必勝也若敵陣左右山峽而不能盈者可擊也列陣而不能順其地勢者可擊也是知善戰者莫不能此而能料其勝負也

料敵營第四十四

敵營糧道不通利者可守之敵營得高燥之地而不顧泉水之利者可俟之俟之久則人馬多渴也敵營得泉水之利而地勢下濕者可逼之敵營地勢不順出入者可攻之敵營寬大而兵少者可薄之敵營圍容而兵寬者不可輕之敵營四周守備不均者隨其

虛處以攻之敵營前後左右有出入之便者水草之利者不可輕之此皆料陣法也

料用天氣第四十五

望氣者以氣勝敗告於大將覩敵之氣衰則進攻氣旺則止兵勿與戰此之謂順天時者彼之氣旺他人皆懼怯不敢進兵我獨勇而進焉反能必勝者何也在乎以智逆於氣而已順任乎時者也夫五行之旺以日時爲用靜爲主動爲客敵之勝氣有如門上樓如杵如枝或日赤爲木我則俟金時自西擊之可克矣水日水時不可也水能生木故也敵上勝氣或赤

如火光火烟之狀暈暈而起者木日木時不可也爲木能生火也日爲火亦侯水時自北擊之可克矣敵上勝氣如白粉者白爲金水日金時皆不可也苟金日火時利自南方攻之可克矣敵上勝氣黃如土臺者土日金時不可也金日土時不可也金日金時玉日土時皆不可也土日木時利自東擊之黃者土也臺者亦土也不言雲氣如水狀而及色黑者緣黑氣多爲敗氣此不復用或敵人先據吉地我之頓軍稅駕逼近於凶神死氣之上不得利門而出者但觀我軍上雲氣及敵上雲氣形與色以五行相生相克用

之敵氣能生我我則出師進戰我軍上氣能克敵亦利出師進戰不然則勒兵撫士戒嚴警備俟時而動焉不可妄也夫天下專勝敗之氣由人用之而已兵家萬變此其一也

逆用地形第四十六

兵法曰散地無戰散地者境內地上也士卒顧家其意未專不可戰也輕地則止入敵地尚淺士卒意未堅不可以進敵當自堅其心也爭地則無攻山谷隘險之口以弱勝強以少擊衆之地也交地則無絕俱可進退之地不可以兵絕之衢地則合交有路往來

我可結交於諸侯也重地則掠深入敵境士卒意已堅固可以掠取財物圍地則謀士卒困於險隘鬪則兵弱持久則糧食乏絕則當用謀以免難死地則戰前有高山後有大水糧食乏絕進退守備皆無所利當則曰死戰也許洞曰此八者古人用戰地之法若地協於用則用之不協於用則反之反之之謂何也曰若敵衆深入吾境營壘不完芻糧寡少守且不利詎可以散地而不戰乎在我當以必戰爲約怯退示以必死擒獲示以必賞令立告諸吏士將軍之際後顧斬之臨敵而目不定自數移者斬之有憂色者斬

之偃蹇者斬之相覷而動目者斬之遺弓刀器械者斬之金鼓不應節者斬之獲一首級者亦厚賞之如是則有散地之用矣入敵地尚淺險則據而挑夷則守而應慮士卒心不固當擇左右前後背險絕面夷生路肅部伍嚴節制使人人有自戰是則有輕地之用矣山谷險隘敵人先得以控隘我勢我當屯師為大營廣陣務攻其懈其機狀如不密俾敵見之則泄謀矣欲敵人備在前陰出精銳敢死者循間道或扼具糧運或擣絕其後凡間道必多險阻或有嵓崖峭壁之地則為懸梯竹索以陟登之或有深淵澗則為

罌缶渡之覺敵內撓則自營陣中出精兵爲應內外夾攻有爭地之用矣道路相錯我可以往彼可以來利設伏進戰戰佯敗偵逐兵過半則舉號發伏衝擊之反佯敗之師以應有交地之用矣頓汨之地逕達四面當選腹心勁勇者各將步騎以扼四衝人數隨多少使之雖無交應有衢地之用矣致兵敵境凡屬守備者順時安之否則夷之資食所獲必副吏士內以悅師人外絕敵所恃豈直深入然後用掠乎如是則有掠非止重地之用矣大兵將動先料其強弱觀其雲勢察地勢逆順審人心向背而後舉焉兵法白

策之而知得失之計候之而知動靜之理故得失之道利在先知謀勝於未勝愼失於未失者善有死地之危始謀於軍者必有後機之困矣設能反後機而達先知必無圍地之患矣山高大澤險阻峭壁沮洳谿逕斷絶無以生遁此乃智士用謀之利上也當宜用時出不意以衝寇敵而後擊之山奇奔衝或利用燧馬燧牛如田單陽班之類是也或候夜昏詐爲號直奔衝敵師混服飾軍伍辨認之類是也如止以死戰爲期苟敵兵益壯我後不到則李陵有弓折矢盡之困矣戰極力斃當自殞陷能竭智用謀萬變不極

則無死地之憂矣孫子曰戰貴地利然則地利者不可一用也但臨時觀其用何如爾兵貴以變設不能以變用兵雖得地利無益也

逆用古法第四十七

學兵用武率以古法爲勢焉與膠柱鼓瑟無異爾末見決中者也兵家之利利在變通之機觀其逆順夫興師之際當先探敵將才不才設若敵將不能以兵法使衆惟以勇敢爲已任我則順古法待之也或敵將善用古法我則逆用古法待之也夫用兵之奇莫奇於設伏設伏之奇莫奇於新智新智者非不師古

也古而反之爾古人料敵以其始來戰陣未合先以賤而勇者挑之觀其號令旗鼓之整與亂士馬之强弱營陣之偏正行伍之齊肅散亂言語之諠譁緘嘿以定勝負焉是以古法曰若其衆喧旗亂其卒自行自止其兵或縱或橫其追北恐不及見利恐不得如此者將必無謀雖衆可獲矣許洞曰如古人以此取功苟人能料我當順其所料伏兵待之以詐示之俟彼出師則發伏攻之古法曰杖而立者飽也汲而先飲者渴也進利不進者勞也軍擾者將不重也旗動者亂也吏怒者倦也懸缻不及其舍者窮寇也淳淳

翕翕徐與人言者其衆也數顧者失其羣也來委謝
者欲休息也許洞曰觀古人以此料敵今則不然當
令精銳吏士分而伏於要衝使其勞倦殘傷者如飢
渴失羣之狀或數搖動其旗或數驚擾其衆使吏士
喧譁應敵人所料苟出師襲我則潛發所伏出其不
意擊之古法曰敵始來到行陣未定可擊也既涉長
道後行未息可擊也行坂涉險半隱半出可擊也涉
水半渡可擊也險道狹路可擊也旌旗亂動可擊也
陣數動移可擊也許洞曰在我則不然如以行陣未
定四面可設伏也長道移行未息中可設伏也山坂

半隱半出長林土谷可設伏也涉水半渡則崖岸坡坂可設伏也狹路險道則前後可上伏也旗數亂動陣數動移前後可設伏也如或敵人敗走我師未敢逐之者防有伏也古法曰鳥起者伏也衆樹動者來也不如此未必伏與來也欲爲疑兵也我已奔遁多令老弱者動其衆樹及驚鳥起之類也又曰無約而請和者謀也半進半退者誘也此亦大兵已潛遁恐後人逐者設此爲疑也許洞曰料敵以事者多慮爲反古之法也多中爲期用之於人也是以兵法如車之載其物則車之轉者由輪也及有車之用則東西

南北者由人也故兵法不可執而用之也明矣

虎鈐經卷第五終

虎鈐經卷第六

攻城具第六十六　地聽第六十七

失道第六十八

水戰第四十八

凡水戰之具船闊狹長短大小載人多少以米爲則一人重米一石則人數積而可知也棹篙櫓帆席絙繩索沉石調度與常船不殊船上安樓三重列女墻戰格樹幡幟開弩窻矛穴礮車置壘木鐵汁狀如守城王濬伐吳作大船長二百四十步建飛簷閣道可以奔馬馳車忽遇大風則人力不能制甚不便戰鬭然爲水軍不可不設以張形勢蒙衝以犀蒙覆船皆

兩相開掣棹孔前後左石有弩窓矛穴敵不得近矢
石不能敗此不用大船務於速進退戰船也鬬艦
船舷上設牆可蔽半身牆下開掣孔舷內五尺建柵
爲女牆重列戰格上無覆背前後左右樹牙旗金鼓
戰船也走舸舷上重列女牆棹篙多戰卒選驍勇精
銳者奔走往反如飛鶻乘人不及旗幟金鼓列之於
上戰船也遊艇小艇船無女牆船上置木床左右隨
艇大小長短四尺一床計會進止廻軍轉陣其疾如
飛虞候居止之非戰船也海鶻頭底尾高前小後大
如鶻之狀左右置浮板如鶻翅翼雖風波漲大無傾

倒也覆背上左右張生牛皮爲地建牙旗金鼓如常法江海之中戰船也

水利第四十九

兵法曰以水佐攻者強善用水者其道有四一曰因二曰逆三曰賊四曰絕因水之用其道有二或絕中流而柵我得上游因風之利可以鼓棹縱火順流衝之柵絕而過風轉則止又若敵在下士馬逆流我得上游可以攻之此二者所謂因者也逆水之用也則爲崇隄以障其下注溢于內然後引之以灌所謂逆者也賊水之用也敵所以賴水也當潛以水攻審地

理陰為畎澮導之他處竭敵所賴所謂賊也者絕水之用也或以薪水土石實舟泛之于上别為長渠泄之或為沙囊於上流以壅其水欲水行則以決囊所謂絕者也用水之道有其地非所用而必用反為所害順則善矣

水攻第五十

先量水之高下水平水槽長二尺四寸兩頭及中間鑿為三池橫闊一寸二分池間相去一尺五分間有通水渠闊二分深一寸三分三池各置浮木闊狹微少於池箱厚二分上建立齒高八分闊一寸七分厚

一分槽爲轉開脚高下與眼等以水注之三也浮木齊起眇目視之三齒齊平則爲天下准或十步或一里乃到數十里因力所及置照板度竿以白繩計其尺寸則高下丈尺分寸可知照板形如方扇長四尺下二尺上二尺面闊三尺柄長一尺大可拙度竿長二丈尅作二百寸二千分每寸內小尅臨所向遠近高下置竿以照板映之眇目視之三浮木齒及照板以度竿上尺寸爲高下遞而往來尺寸相乘則山瀾水源高下淺深可以分寸度矣

過水第五十一

罌筏一凡縛罌甕爲筏瓮間闊五寸深受三石米力勝一底以勾繩連之編槍於上形長而方前置板頭後置板稍左右掉之撑筏槍十根爲一束力勝一人四千六百一十六根六分爲一筏去鑽辦束爲魚鱗次橫括而縛之可度四百一十六人爲三筏計用一萬二千五十根渡人一千二百五十人十渡則一軍濟矣狹絙以善水者繫小繩於要處先浮大水次引大絙於兩岸立大橛及繫於樹急定絙使人狹絙浮渡大軍可分爲十道渡之浮囊以渾脫羊皮吹氣令滿繫其孔束於腋下兩浮而渡

尋水脉第五十二

無水之地擇地有黃芊蘩者必有水砂滷甘潤者下有水細草蒙茸與無水處不同者亦如之

火利第五十三

浮有天之用先知其日日者謂春丙丁夏戊巳秋壬癸冬甲乙此日有大風雨故也穴順其風我得上風則放火燒下風一作起馬攻城寇寨風助順利爲飛火飛火者謂火炮火箭之類也相守不動利於姦火姦火者因其入焚其積聚甲兵也兩陣相合御風之便楊一作颺塵鼓烟利爲燧半以俟之若敵於上風放火我亦縱火爲解火法敵燒門恐大恐大威我使積薪以伍外火亦此類也凡八敵境郡邑窮匱城隍頹

靡山川非設險之地而非敵所恃者則存之苟拔敵所恃之邑皆火之以絕其望焉敵境之林木茷草皆火之故火爲兵之大利也

火攻第五十四

月對（一作在）東壁南箕翼軫之夕則設火候風以焚之（四時亦其火利偏攻）以驍騎夜銜枚縛馬口人負薪及束熅火直抵敵營一時舉火營中驚亂急而乘之靜而不動勿攻火獸以艾熅置瓢中開四孔繫野猪獐鹿項下針其尾端望敵營而縱之奔走入草內則火起火禽以胡桃空中實艾開兩口復合之繫野鷄項下針其尾

而縱之飛宿於草上則火發

守城法第五十五

城不守者大而人少小而人衆糧寡而柴水不供壘薄而攻具不足土疎地下溉灌可設人戶疲悴修緝未就凡此類者速從之營壘高厚城堅溝深糧食衆多地利險阻所謂無守無不守也故曰善守者敵不知其所攻

築城第五十六

凡築城下闊與高倍上闊與下倍城高五丈下闊二丈五尺上闊一丈二尺五寸高下闊狹以此爲佳料

工上闕下加闊得三丈七尺五寸半之得一丈八尺七寸五分以高五丈乘之一尺之城積數（利積數一作利）得九十三丈七尺五寸每一工舊築土二丈計工約四十七人一步五尺之城計役二百三十五人百步之城計工二萬三千五百人三百六（一作）十步計工八萬四千六百人率一則十里可知也其出土負簣竝計之於工內矣城內面別穿井四所置水車大瓮二十口竈干所却敵上建候樓以跳板出爲櫓與四外烽戍晝夜瞻視以備驚急

城壕第五十七

鑿壕之法面闊二丈深一丈底闊一丈以面闊二丈加底闊一丈積數大半得之得數一丈五尺以深一丈乘之鑿壕一丈得數一十五丈每工日出三丈計工五人一步五尺計工二十五人十步計工二百五十人百步計工二千五百人三百六十步計工九千人率一里則百里可知也

防城第五十八

城上一步一作里一甲卒十步加五人以備雜供之要五步有五長十步有十長五十步百步皆有將長文武相兼量才授任而統領精銳驍勇或十隊或二十隊

三十隊大敀創將各一作爲領隊巡城曉諭激勸赴拔城上六四隊別立四表以爲攻城之候焉若敵欲攻之處去城五六十步卽舉一表撞梯逼城舉二表敵若登梯舉三表欲攀女墻舉四表夜則舉火如表法城上四隊之間各一作爲置八旗若須水標杭板舉蒼旗須灰炭銅鐵舉赤旗須礧木樵葦舉黃旗須砂石塼瓦舉白旗須水湯不潔之物舉黑旗須毛氈麻索鍱鐵鍬鑊斧鑿舉雙兔旗須戰士銳卒舉熊虎旗須戈戟矢弓刀劍舉鷙旗當生之官隨色而供城內老少婦女除營食外皆令應役於城上分爲八隊使識文字

者點檢常旗物與八部也

反浸第五十九

我城若居卑下之地敵水擁水灌城速築墻壅諸門反陷處更於城內促為周匝視水高下狹闊築墻外取土高一丈以上城立於墻外取工而薄築之精兵備守不得容雜色人如有洩水之處則十步為一井井內潛通引洩漏城中速造（一作結）船一二十隻募解舟檝者載以弓弩鍬鑊每三十人自暗門穴啣枚而出聽營敵覺卽急於城上鼓譟決其堤堰所以精銳急出助之

弩臺第六十

高下與城等去地百步每臺相去亦如之下闊四丈高五丈上闊二丈上建女墻內通暗道安屈膝梯人上便卷收之中設氊募置弩手五人備糧水火

烽火臺第六十一

高山四顧險絶處置之無山亦於孤迥平地置之築羊馬城高低便常以三十五爲堆臺高五丈下闊二丈下濶一丈形圓上建圓屋覆之屋徑有六尺一面跳出三尺以板爲之上覆下棧屋上置突三所臺下亦置三所並以石灰飾其表裏復誌紫籠三所流火

繩三條在臺則近上下用屈膝梯上收一垂屋四壁開覘賊孔及安視火筒置旗二口鼓一面弩兩張礮石罍木停水甕乾糧麻煋火鑽火箭蒿艾狼糞每晨及夜平安舉一火聞驚覺舉二火見煙塵舉三火見賊柴籠如每晨及夜半平安舉四火不來即烽子爲人所捉一烽五人爲烽子遞和更刻觀視動靜一人爲烽師知文書符牒轉遞

望樓第六十二

牙帳前立百尺竿上置板屋四面開門狀如斗令人上望賊賊有所攻隨其方面以小白旗招之衆賊往

來聚散遠近皆審而視之以告于下

馬鋪第六十三

每鋪相去三十里于要路山谷間牧馬兩疋設遊奕計會有事警急煙塵入境卽報探設土候於山谷口當賊路橫斷闊二丈深二尺以細沙土填平每日檢行拂令淨平人馬入境卽知足跡多少

遊奕第六十四

軍中選驍勇諳山川泉井者充之常與土河烽鋪計會交牌日夕邏（一作邏）候於亭障之外捉生問事其軍中虛實體用勿使遊奕人知其副使子孫並用久在軍

中行人善一作騎射者充之

守城具第六十五

雜物守城之時其什物五穀糗糧魚鹽布帛醫藥工巧戎具鍛冶桔槔鋘鍬蘆葦灰炭柴薪松樺蒿艾脂膌麻皮氈毯荆棘芭籬釜鑊盆瓮礱木槌鑿刀鋸長斧長刀一作弓長錐長梯短梯大鉤連鎖但人所用之物一一預備仍令修緝不得損壞雜備上八隊之間安轉關小礮一作璣二機關大礮一雲梯橦礮等閒先從城身用木跳出爲重女墻高於土女墻五寸以上以板覆之隨事緩急而開閉之敵若以大石擊墻樓石下

之處出跳空中懸生牛皮或氊毯等袋以乗其石城
內人家咸令置水防火先約先一作但失火者斬火發之
處多恐姦人放火但令近便主當八部官人領老小
婦女救之火起所部急白大將大將親領信人左右
救火城中有卒驚及雜人城上不得輒離職掌亂走
街巷違者斬之敵若推輪排來攻先以手砲打手砲
既衆所中傷必多來者被傷則力不齊矣懸門懸板
爲門也鐵鞔之如櫼板用之懸鍾板繞城於敵柵上
上皆懸板受敵之時則板起發矢突門於城中對敵
營自鑿內爲暗道多少臨時人五六寸力穿或於中

夜於敵初來營則未定精騎從突門躍出擊其不意
塗扇以泥泥城門可厚三尺備大鑿門爲所敵逼門
先自鑿門扇十數孔出弩射之長矛刺之爲敵所逼
敵且不得近門塗棧以泥塗門上木棧可厚五寸備
火茈萬戳格於女墻上跳出椽去墻三尺橫者檢椽
安轄以荊柳編之長二丈闊五人懸椽端以遮矢石
布幔以複布爲幔困弱竿懸倒於女墻外去墻七八
尺炮石之勢則矢石不復近墻矣連梃如打禾連枷
狀打女墻外城上人杖竿如槍刀爲兩岐兩叉飛梯
及人鈎竿如槍亦偏有曲可以鈎人長柄鈎城上以

水爲僞客兵一隊作長柄鈎鐵隨安便以爲之備若敵攀女墻踊身得其身出泉鈎齊拾掣入城中百刃錐斧助之若敵以木驢攻城我用鐵蒺藜而入之其去以熟鐵爲之闊徑一尺四條縱橫如蒺藜形以牛鐵汁灌其中央重五十斤上安鼻索鎖直不敦訖以轆轤拗上若木驢有牛皮并泥敦着即夆速放火炬灌油燒之鐵葽狀似小鐵蒺藜要路提之串鐶敵若推撞車攻城我以麗鐵鐶并屋乘子爲之用索相連遇撞頭適我到速以鐶串撞頭於其次便處將士牽索則撞車番倒弓弩齊射自然敗走昳敵石炭糠粃

冊風（一作羅）於城上以昧敵人目因以金汁洒之轉關橋梁拾（一作爲）橋梁端着橫括拔去括（一作橫）橋轉關人馬不得渡皆傾水中轉關墻凡攻城之兵禦捍矢石頭戴蟊帽傾視不便衣甲重厚進退又難前既不得上城退則師逼迫人衆煩鬧我作轉關女墻騰出城外轆轤墜鉄索索頭安鴟脚當聚鬧處擲下撥大木砮以黃桑柘爲弓長一丈二尺中經七寸兩精三寸絞車張之大矢一發聲如雷吼積木備礧木徑一天小頭六七寸長五尺候敵人上城則擲下礨之積石備砲（一作礮）石大小隨身下從敵人地探於城四隅穿井各深二

丈令覆載新瓮於井上坐城外賊到而聽內有孔城池道井開瓮中辨遠近矣天井於城內入方穿井各深二丈以新瓮薄皮鞔口如鼓令聰耳者於井中枕瓮而聽則去城五百步悉知之既審其處我則隨地鑿穴近之以相於一乾艾一石燒令烟出乃用板於穴下封之而令烟洩更以備鼓之則敵入焦灼矣警火每城四面夜間設有警火油囊盛水於城上擲安火上囊敗火滅救火用水箭廠若縱火焚樓堞以瓮竹長一丈鏤去節以生薄皮爲仍令貯水二三石將箭內於袋內急縛如則桶令將士三五人撮水口急

感之救火每門常則兩具無竹卽以木合桶漆之而
用井水賤第二十(一作百)具助之門內常以瓮貯水漆用
燕尾炬縛葦草爲炬分爲兩岐如燕尾狀以油蠟灌
之如火縱城壁下便騎木驢而燒之松明炬以松木
爲之燒令明直墜下臨城照之恐敵人乘暗上城脂
油燭炬燃脂秉燭於城四隅要路門下晨夜不得絕
明用備非常行鑪鎔鐵汁鑪舁行於城上以酒敵遊
大鐵箱盛火加脂膈鏁鎚下燒穴中孔人毒井守城
之時城外有井光沉之以毒藥陷馬坑孔長五尺闊
一丈深三尺坑中埋鹿槍竹戟沉(一作坑)十字相連狀如

鉤鏁覆以芻草茆禾加土種草令生苗蒙覆其上軍
城壘壁要路皆設之拒馬搶以木徑二尺長短隨時
十字鑿孔縱橫安括長一丈統其弊端可用塞城門
要路木柵爲敵所逼不及築城壘或因山河險隘多
石少土不任板築則建立木爲棚方圓高下隨時深
埋木根彌縫其踈闊內重在爲閣道外重柱長出女
墻皆泥七八寸又立閣道內柱上布板爲棧立闌干
行於柵上懸門擁墻濠壍拒馬一如守城法

攻城具第六十六

轒轀車四輪車以上繩爲脊犀革蒙之不可藏十人

塡皇推之直抵城下可以攻屈金木水火石所（一作俱）不能敗飛雲梯一大木爲床床下置六輪上立雙牙牙有括梯節以長一丈二尺有四桄桄相去三尺勢微曲遞相括飛於雲間以窺城中其上城首冠雙轆轤椀城而上礮車以大木爲床床上安獨輪床下建雙陛陛閒橫括中立獨竿竿首樺木其高下長短大小以攻城爲準竿首以窠盛石大小多少隨竿立所制人挽其端而投之其車推輪逐便而用之亦可埋脚著地而用之其施之四脚亦隨事而用車弩爲軸轉車上上定十四石弩弓以鐵鉤繩連車行軸轉引弩

弓持滿弦掛牙上弩弓衛中衛火箭一鏃刃長七寸廣五寸簳長三尺圍五寸以鐵葉爲羽左右各三箭次小於中箭其牙以發諸箭高起及五百步所中城壘罔一作無不崩潰接櫓以便顛墜尖頭木驢以木爲脊長一丈徑一尺五寸下安方脚下闊而上尖頭高七尺內可容六人用濕生牛皮蒙之敵其下移至城下木石鐵火皆不能敗用攻其城土山於城外起土爲山乘城而上地道鑿地爲道行於城下因以攻城往往建柱積薪於柱間而焚之柱折而城崩板屋以八輪車上樹高竿竿下安轆轤以繩挽板屋上竿首以

窺城中板屋方四尺高五尺有十二孔四面列布車可進退圍城而行於營中遠望爲之梁車言如鳥巢也木幔以板爲幔立桔槔於四輪車上懸帳逼城其間使趫卒敵之蟻附而上矢石亦不能敗及大箭以小瓢盛油灌矢端射城樓櫓板木上瓢敗油散因以箭鏃內簳中射油散處火立燃復以油瓢續之則樓櫓盡焚雀杏子中空以艾實之擊雀足上加火於薄莫羣飛入城壘中栖宿其積聚廬舍須臾火發蜀鈇钁鋤蜀钁短炳着鋼鐵鏨以劚其城將軍礮置四柱長短爲之其下四面着橫括半之則前及左右着括

後其下着其頂上左右亦着轉輪致卒其竿隨其架所宜爲之其繩索之類隨其礮大小增減竿稍懸其繩置簞簍中盛礮其架編全竹爲以衣禦敵矢石狗蹲礮前置兩長柱中着橫竿如前礮狀與衣亦然旋風礮左右着二方本亦如之鑿一孔通貫下柱左右前後皆可運轉理之於地其頂轉輪着竿如前狀此礮不用衣

地聽第六十七

令少睡者枕空胡蘆臥有人行四十里外東西南北皆知之

失道第六十八

夜失道以北斗建爲正以四時定之然後知四方之路矣如本路則放老馬以從之

虎鈐經卷第七

旗幟第六十九

旗幟者軍中之標表也以門旗為首竿上置金銅珠大纛深紅八幅樹大將牙帳前鼓坐其下五方旗各按方面將有事旗戰陣大將齋戒潔心淨服俟天清

星皎中星立壇率諸將校宣祝文隨方面祭之大將之行先以五色旗導引之衝尚方位甲乙日青旗丙丁日紅旗戊巳日黃旗庚辛日白旗壬癸日黑旗五方旗所向在後或前後林藪嶮隘下斧钁斫伐開道舉青旗前有山峽高峯深溪無避賊寇處復風火相逼即抽兵要逐風燒草以避賊舉紅旗前遇敵列陣即排列輜重引兵結陣擇高勝地守隘以拒賊舉白旗前値山川地濡卑濕溪澗不平舉皂旗前平原大澤無他患害舉黃旗五色牙帳旗隨天地一作氣四時雲色舉之見青雲舉青旗他皆同此厭士以青旗壓火以皂旗

虎鈐經卷第七

旗幟第六十九

旗幟者軍中之標表也以門旗爲首竿上置金銅珠大纛深紅八幅樹大將牙帳前皷坐其下五方旗各按方面將有事旗戰陣大將齋戒潔心淨服俟天清

星皎中星立壇率諸將校宣祝文隨方面祭之大將之行先以五色旗導引之衝尚方位甲乙日青旗丙丁日紅旗戊巳日黃旗庚辛日白旗壬癸日黑旗（五方旗所向在後）或前後林藪嶮隘下斧钁斫伐開道舉青旗前有山峽高峯深溪無避賊寇處復風火相逼即抽兵要逐風燒草以避賊舉紅旗前遇敵列陣即排列輜重引兵結陣擇高勝地守隘以拒賊舉白旗前值山川地濡卑濕溪澗不平舉皂旗前平原大澤無他患害舉黃旗五色牙帳旗隨天地（一作氣）四時雲色舉之見青雲舉青旗他皆同此厭土以青旗厭火以皂旗

厭金以紅旗厭水以黃旗厭木以白旗厭旌旗之上文以熊虎者象其猛也文以鵰鷄者象其鬭也文以日月星辰者法天文也文以鬼神雲氣者如其變也坐罪人於白旗之下殺之於黑纛之下也初得敵人剡其心以祭旗塗其血以釁鼓爲我之號者隨我所主焉故春秋傳曰晝施旌旗以威其目夜施火鼓以威其心是故旗幟之用大軍之本也

大將旗鼓第七十

纛六口槍二根以豹尾爲纛居門旗後前五方旗隨所六纛在營亦在纛後嚴敵鼓一十二面居大將張

前左右列六纛下用一十二具旗鼓前列代金旗隊二百五十口尚色圖禽與隊同每一旗五纛認旗二百五十口尚色圖禽與諸隊不同各因爲認出居隊後恐卒伍交錯

陣將旗鼓第七十一

門旗不得用紅色嫌亂大將皷一百二十五面恐疑驚敵人用之甲五分七千五百領戰袍四分五千領槍十分一萬二千五百根縳（一作傅）筏牛肋牌二分二千五百面馬軍以團伐牌一伐分支弩二分（弦三寸）兵一分二千五百張弩七千五百條弦二十五萬隻箭弓

十分弦三付矢二十六萬隻一萬三千五百糧弓二萬七千五百條弦三十七萬五千射甲箭弓袋胡祿并張弓袋並十分一萬三千五百副佩刀八分一萬口陌刀二分三千五百口棓二分三千五百條馬軍及陌刀並付以鎚鉞斧一作爲四支

金鼓第七十二

周禮六鼓樂人掌教六鼓以節樂和軍旅一曰銅鼓二曰鐃鼓一在軍中金之制有四司馬法曰卒長執鐃兩司馬長執鐸進軍鳴鐸退軍鳴鐃大戰之時擊鼓以進擊金以退一作止三曰錞周禮曰一金錞和鼓四

曰鐲以節鄭元曰鐲鉦也軍行鳴之以節鼓也五曰鐸周禮曰以金鐸通鼓鐸鈴也刀斗按黃帝大傳曰與蚩尤戰擊之以警夜也六曰鉦樂志曰鉦形如半鍾旁有小柄樂師持之以和樂節制鉦者進退用之有征之義也

蠡角第七十三

黃帝戰蚩尤吹角長六尺聲甚鳴後有涿鹿之敗帝問曰所吹何物蚩尤曰角也吹之則風霧俱集後以六尺曰角五尺曰蠡近世列陣金鼓之外餘無獨聲號或陣形長爲山谷所擁映慮不能照宜於陣兩稍

爲蠡角隨牌大小增之値敵攻稍則吹之爲號中軍吹而應焉

鼓角第七十四

鼓角者大將之威德十萬兵已上大角二十四具大鼓六十四面五萬兵已上大角一十六具大鼓四十二面三萬兵已上大角八具大鼓二十四面一萬兵已上大角六具大鼓一十四面或深入敵境欲敵人畏謂我師旅大盛但多着之不用此法也動鼓角之時日沒前二刻先吹小角次吹大角一會十六聲三會計四十八聲爲一曲畢幕擊鼓三會間第一會五

十六聲六疊一間三間畢吹大角一十六聲引第二會皷五十六聲六疊一間三間畢發鉦一百五十聲畢軍門擊鎖諸將各按部靜吏士無敢諠譁傳刁斗報更漏謹巡警晚趨角在四更二點吹小角畢(一作吹)四更三點過吹大角引第一會皷四十五聲六疊一間三間畢吽(一作斗)四更四點過吹大角引第二會皷四十五聲六疊一間三間畢吹(一作吽)四更五點過吹大角引第三會皷四十五聲六疊一間三間畢吽五更一點過吹泊五更四點轉皷至天曉一十八轉吽五更五點過擊鉦一百五十聲絕聲擊皷三百聲(絕聲)軍門鎖

開大將軍廠裝坐牙帳之上引諸將以次朝

漏法第七十五

木櫃一枚八角高二尺四寸闊二尺三寸雜色裝畫金銅鑊釦及蓋水匱三片共闊二尺四寸厚一寸五分布黑髹貯水生銅鑊一口闊一尺九寸深一尺五寸重七十斤金銅引水龍一條長二尺六寸前脚踏盧雲朶一枝重二十斤龍腹中熟銅飲水渴烏一條內空長四尺八寸圍一寸五分力士柱二枚各長六尺圍一尺二寸五分并脚下卷荷坐水雕獅子四箇裝褫畫力士柱頭鍍金寶珠二枚及鉄涉一松（一作枚）闘

二寸五分長三尺六寸金銅釘鉸水秤一梁身長五
尺六寸徑一寸五分金銅鐶連鏁長一尺四寸金銅
象鎚一枚連鏁九寸其重七斤半(一作平)準竿一條長六
尺竿身久楞圍八寸五分向本土雞一隻脚踏蓮花
坐向下卷雲座金銅鐶紐及曲尺金銅工正一枚長
一尺五寸熟銅鍍金壺一枚面闊一尺一寸深七尺
金銅連鏁三條各長二尺二寸及連金銅小盖一枚
闊三寸五分共重一十四斤四兩銅觜一枚重十八
銖大鼓一面闊一尺一寸深七寸蟠龍遶腔彩畫鉦
一面厚四分銅水斗一枚平準竿一條皆以約漏刻

數也

傳箭第七十六

每時有八刻二十分一刻六十分一日十二時合一百刻冬至前三日改第一箭晝四十刻日出辰時一刻夜六十刻日入申時入刻每更一十二刻每點二刻二十四分後三日改第二箭晝四十一刻日出辰時半刻夜五十九刻日入酉時半刻每更一十一刻四十八分每點二刻二十二分小寒初日改第三箭晝四十二刻日出卯時入刻夜五十八刻日入酉時一刻每更一十一刻三十六分每點二刻一十八一作九分後九日改四箭晝四十三刻日出卯時七刻半夜五

十七刻（日入酉時一刻半）每更一十一刻二十四分每點二刻一十六分大寒後三日改第五箭晝四十四刻（日出卯時七刻）夜五十六刻（日入酉時二刻）每更一十一刻一十二分每點二刻一十四分立春前三日改第六箭晝四十五刻（日出卯時六刻半）夜五十五刻（日入酉時二刻半）每更一十一刻每點二刻一十二分後六十日改第七箭晝四十六刻（日出卯時六刻）夜五十四刻（日入酉時三刻）每更一十刻四十八分每點二刻九分雨水初日改第八箭晝四十七刻（日出卯時五刻半）夜五十三刻（日入酉時三刻半）每更一十刻三十六分每點二刻七分後第九日改第九箭晝四十

八刻日出卯時五刻夜五十二刻日入酉時四刻每更一十刻二十四分每點二刻四分驚蟄後三日改第十箭晝四十九刻日出卯時四刻半夜五十一刻日入酉時四刻半每更一十刻十分每點二刻二分春分前三日改第十一箭晝五十刻日出卯時四刻夜五十刻日入酉時五刻每更一十刻每點二刻後六日改第十二箭晝五十一刻日出卯時三刻半夜四十九刻日入酉時五刻半每更九刻四十八分每點一刻五十七分清明初日改第十三箭晝五十二刻日出卯時三刻夜四十八刻日入酉時六刻每更九刻三十六分每點一刻五十五分後九日改第十四箭晝五十三刻日出卯時二刻

半夜四十七刻（日入酉時六刻半）每更九刻二十四分每點一刻五十二分穀雨後三日改第十五箭晝五十四刻（日出卯時三刻）夜四十六刻（日入酉時七刻）每更九刻一十二分每點一刻五十分立夏前三日改第十六箭晝五十五刻（日出卯時一刻半）夜四十五刻（日入酉時七刻半）每更九刻每點一刻四十八分後六日改十七箭晝五十六刻（日出卯時一刻）夜四十四刻（日入酉時八刻）每更八刻四十八分每點一刻四十五分小滿初日改第十八箭晝五十七刻（日出寅時半刻）夜四十三刻（日入戌時半刻）每更八刻三十六分每點一刻四十二分後九日改第十九箭晝五十八刻（日出

(寅時八刻)夜四十二刻(日入戌時一刻)每更八刻二十四分每點一刻四十分芒種後三日改第二十箭晝五十九刻(日出寅時七刻半)夜四十一刻(日入戌時一刻半)每更八刻一十二分每點一刻三十分夏至前三日改第一箭晝六十刻(日出寅時七刻)夜四十刻(日入戌時二刻)每更八刻每點一刻三十六分後六日改第二箭晝五十九刻(日出寅七刻半)夜四十一刻(日入戌時一刻半)每更八刻一十二分每點一刻三十八分小暑初日改第三箭晝五十八刻(日出入寅時刻)夜四十二刻(日入戌時一刻)每更八刻二十四分每點一刻四十分後九日改第四箭晝五十七刻(日出卯時半刻)夜四

十三刻日入戌時半刻每更八刻三十六分每點一刻四十三分大暑後三日改第五箭晝五十六刻日出卯時一刻夜四十四刻日入酉時八刻每更八刻四十八分每點一刻四十五分立秋前三日改第六箭晝五十五刻日出卯時一刻半夜四十五刻日入酉時七刻半每更九刻每點一刻四十八分後六日改第七箭晝五十四刻日出酉時七刻每更九刻一十二分每點一刻五十分處暑初日改第八箭晝五十三刻日出卯時二刻半夜四十七刻日入酉時六刻半每更九刻二十四分每點一刻五十二分後三日改第九箭晝五十二刻日出卯時三刻夜四十八刻日入酉時六刻每更九刻

三十六分每點一刻五十五分白露後三日改第十箭晝五十一刻日出卯時三刻半夜四十九刻日入酉時五刻半每更九刻四十八分每點一刻五十七分秋分前三日改第十一箭晝五十刻日出卯時四刻夜五十刻日入酉時五刻每更十刻每點二刻後六日改第十二箭晝四十九刻日出卯時四刻半夜五十一刻日入酉時四刻半每更十刻十二分每點二刻二分寒露初日改第十三箭晝四十八刻日出卯時五刻夜五十二刻日入酉時四刻每更一十刻二十四分每點二刻四分後九日改第十四箭晝四十七刻日出卯時五刻半夜五十三刻日入酉時三刻半每更一十刻三十六

分每點二刻七分霜降後三日改第十五箭晝四十
六刻（日出卯時六刻）夜五十四刻（日入酉時三刻）每更一十刻四十
八分每點二刻九分立冬前三日改第十六箭晝四
十五刻（日出卯時六刻半）夜五十五刻（日入酉時二刻半）每更一十
一刻每點二刻一十二分後六日改第十七箭晝四
十四刻（日出卯時七刻）夜五十六刻（日入酉時二刻）每更一十一刻
一十二分每點二刻一十四分小雪初日改第十八
箭晝四十三刻（日出卯時七刻半）夜五十七刻（日入酉時一刻半）每
更一十一刻二十四分每點二刻一十六分後九日
改第十九箭晝四十二刻（日出卯時八刻）夜五十八刻（日入酉時

一刻每更一十一刻三十六分每點二刻一十八分大雪三日改第二十箭晝四十一刻（日出辰時半刻）夜五十九刻（日入酉時半刻）每更一十一刻四十八分每點二刻二十一分

測影第七十七

先定南北使正樹八尺表竿爲勾卧一丈四尺腹中歷氣日中視之影之尺寸若與歷合則吉不合則凶冬至十一月中律中黃鍾管長九寸徑三分影長一丈三尺小寒十二月節影長一丈二尺四寸三分大寒十二月中氣律中大呂管長八寸三分影長一丈

一尺二寸立春正月節影長九尺八寸雨水正月中氣律中大簇管八寸影長八尺一寸七分驚蟄二月節影長六尺六寸七分春分二月中氣律中夾鍾管長七寸四分影長五尺三寸七分清明三月節影長四尺二寸五分穀雨三月中氣律中姑洗管長七寸一分影長三尺二寸六分立夏四月節影長二尺五寸三分小滿四月中氣律中仲呂管長六寸五分影長一尺九寸九分芒種五月節影長一尺六寸九分夏至五月中氣律中蕤賓管長六寸二分景長一尺五寸小暑六月節影長一尺六寸九分大暑六月中

氣律中林鍾管長五寸九分影長一尺九寸一分（一作九）
立秋七月節影長二尺五寸三分處暑七月中氣律
中夷則管長五寸六分影長五尺三寸七分白露八
月節影長五尺七寸秋分八月中氣律中南呂管長
五寸三分影長六尺二寸三分寒露九月節影長六
尺（一作八）六寸七分霜降九月中氣律中無射管長四寸
九分影長八尺一寸七分立冬十月節影長八尺九
寸小雪十月中氣律中應鍾管長四寸七分影長一
丈二尺二寸大雪十一月節影長一丈二尺四寸三
分夫周天三百六十度四分度之一爲十二次華夷

其同亦至十二國王侯之所度日一日行一度月一日行十三度月節遲㹟平行九道故二十八日行三百六十度余日逐日度入朔一歲十二月行十三周天與日同夏至日在井去極近冬至日在斗去極遠日陽用事則進北而影短月陽用事則退南而影長測法極遠近以影而知以定南北也

虎鈐經卷第八

結營統論第七十八

立營之法按八宮陰陽數置（一作垩）之營居陽卦之上以九爲法（九十步九百步九里九十里量人數加之）陰卦之上以六爲法（如九之法）營門向陽以受生氣不飲死水不處死地（天地坵暮間也）不居地柱（地柱者四下中之高也）不居地獄（地獄者四高中之下也）不居天竈（天竈者谷口也）不居龍首（龍首者山之端也）大將軍居九天之上頓泊玉帳（九天青龍也玉帳者達前之三辰也假令正月當居巳地是也）巳下類此推之如隨六甲所居則將軍居青龍旗鼓居蓬星士卒居明堂伏兵居大陰軍門居天門小將居地戶斬殺居天獄軍糧居天牢治罪居天庭軍器居華蓋此

所謂立營居天地也

六甲第七十九

甲為青龍大將佳出呼門戶解領行門神名號徐儀
直戶神孫齊甲子神乙下蓬星古角過丙下明堂士
卒亭丁下大陰伏兵利戊下天門師入行巳下神戶
小將位齊衆軒斷天獄庚治罪判斷天庭卒囚繫糧
儲天牢壬癸下天倉安庫藏又為華蓋敝避兵

地户
小將位
天獄
斬殺位
天牢
軍糧位

天門 明堂 土九午位
太陰 伏兵中位
地門 開門位
寅 卯 辰
丑
甲子旬營
酉
朝
申 酉 戌
天罡 華蓋 孤虛

亥
陰孤
青龍
大將軍
蓬星
旅聚位

天牢
軍糧
天廷
華蓋

未 午 巳

天門 軍門位
地户 小將位
天斬 殺位
寅 卯 辰
丑
甲戌旬營
朝
申 酉 戌
天罡 華蓋 孤虛

亥 子 丑
蓬星
旅聚位
明堂
士卒位
陰中
伏兵位

地戶
小耗位
天獄
斬殺位
天牢
伏[illegible]

[illegible]

戌 酉 申
亥 子 丑
[illegible] 甲午句陳
寅 卯 辰
天庭
治[illegible]位
華蓋
[illegible]位
[illegible]

陰
伏兵位
天門
[illegible]
地戶
[illegible]位
旅[illegible]
[illegible]星
大將位
青龍
陰[illegible]
未 午 巳

亥 壬 丑

[illegible]
戌 酉 申
[illegible]
申
寅 卯 辰
天獄
斬殺位
天牢
[illegible]位
天庭
治[illegible]位

未 午 巳
陰孤
陽孤
軍[illegible]
華蓋

巳 午 未

逢星 旅蔽位
明堂 主卒位
陰中 伏兵位

甲辰旬營 出
申 戌
卯
巳酉丑
天門 軍門位
地戶 小將位
斬天 殺位

亥 子 丑

天牢 軍器位
天庭 治罪位
華蓋 華蓋位

巳 午 未

陰中 伏兵位
天門 軍門位
地戶 小將位

甲寅旬營 出
酉 戌
寅 卯 辰
亥卯未
青龍 大將位
逢星 旅蔽位
明堂 主卒位
斬天 殺位
天軍 天牢位
恰天 罪庭位

亥 子 丑

華蓋
軍器
陽欲
陰殺

地勢第八十

凡立營之地非生氣不旺非山固營壘之法欲北據連山南憑高崗左右襟帶地水東流故自乾山伏下旁通子丑寅卯之地入于巽宮未申酉戌地欲高前欲有迎生平穩地勢欲支條脉散氣候欲鬱茂林叢聳四維阜隴欲如鷄籠映起巽上欲水順流地欲順東南凡造壘之時先戌從巳上起板築若或其地草木不生則去之鳥獸不集則去之古城古社則去之窑竈古墓則去之樵石砂礫則去之河水逆流則去之此六者營壘之大忌也

山勢第八十一

山如蟠龍旺案數重宛轉斜曲首尾相從山如鳳凰翅翼開張羣隊十萬帶挾隴崗前御印綬後有回翔山如飛龍支翼遠道或驚或躍乍橫乍從臺嶺池閒舞鶴連鴻山或如毋狗頭拳尾就腹內乳見頭上連首山如生蛇或曲或斜後崗前合隱馬藏車山如麒麟乍立乍蹲羣從數萬朝者數人山如臥牛屈膝拳頭三光照覆兩水分流屬帶林隴依附土兵山如伏龜四方無缺清泉東流亢陽下歇三門起高一戶雙闕山如游龍倚伏數重華蓋隱隱美草茸茸前如雀

躍後如鷄籠剛柔順俯八卦皆通山如舞鶴翅翼仰開拓胷臆律首尾盤礴如此者皆可以居之也

四獸第八十二

南有汗池爲朱雀北有堆阜爲玄武東有叢林爲青龍西有爲大道爲白虎四獸旣具八卦旣列乃立表測影以定子午之位立表法在前若夫朱雀無頂不可居也玄武折足不可居也白虎無銜刀不可居也青龍悲哭不可居也强居之者軍覆將死

握奇營第八十三

外壘一軍一萬二千五百人以十人爲火一千二百

五十火幕數一如是幕長一丈六尺舍十人守地一尺六寸以三爲奇以三千七百五十人爲奇數餘八千七百五十八人分爲八陣陣有一千九百九十七分五株守地一千七百五十尺八陣積卒守地一萬四千尺卒城二千三百一十二步餘二尺積步卒六里餘一百七十三步二尺以壘四面乘之一面得一地理餘二百二十步壘內得地十四頃十七畝餘一百九十步四尺六寸六分以爲外壘天陣居乾爲天門地陣居坤爲地門風陣居巽爲風門雲陣居坎爲雲門飛龍陣居震爲飛龍門虎翼門（一作陣）居兌爲虎翼門

鳥翔陣居離爲鳥翔門蛇盤陣居艮爲蛇盤門天地
風雲爲四陣龍虎鳥蛇爲四奇乾坤艮巽爲闔門離
坎兌震爲開門有牙旗遊隊列左右偏將軍居壘門
禁出入外有遊軍兩端前有衝後有隊四隅有鋪中
壘一奇兵三千七百五十人爲中壘守地六十尺積
步得二里餘二百八十步以壘四面乘之得二百五
十步壘內地二頃餘一百步六纛旗鼓五麾金鼓府
藏皆在中壘

握奇圖

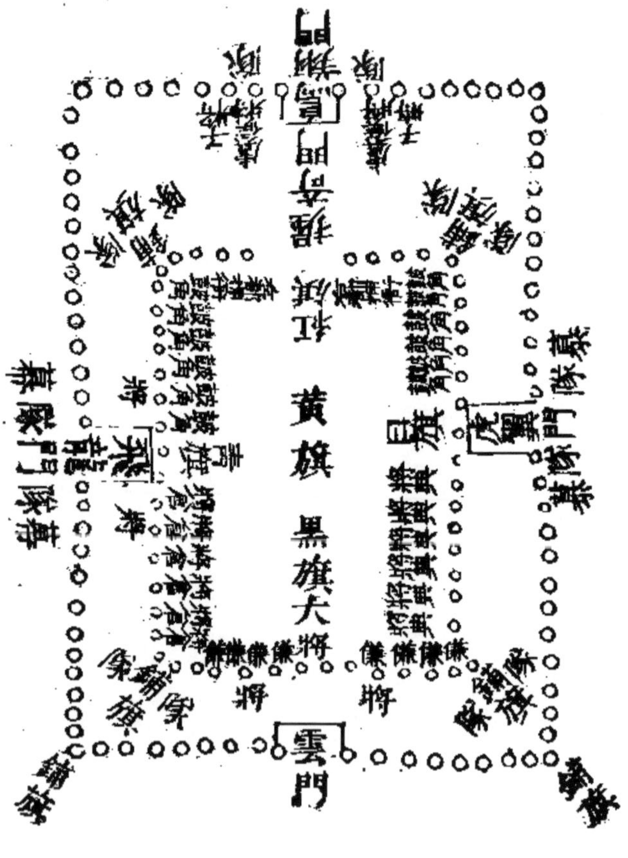
雲門
黃旗
紅旗
黑旗
白旗
大將

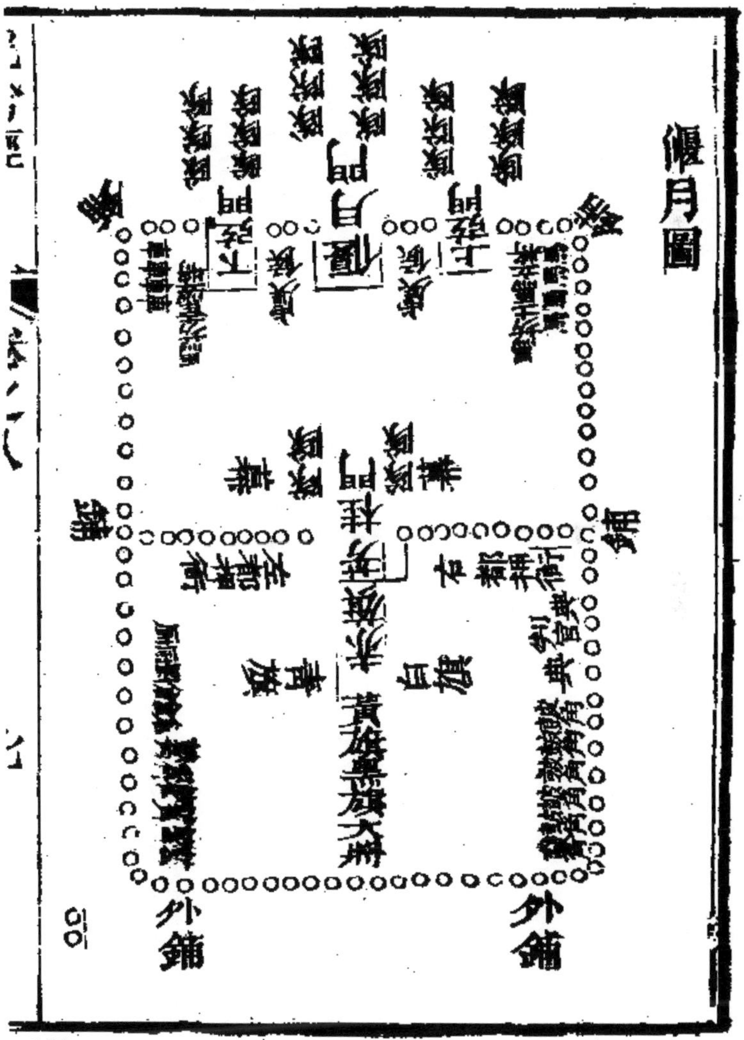
偃月圖
外鋪
外鋪

偃月營第八十四

背山崗面波澤前後險阻其地狹窄之營也凡偃月外營以四分幕一萬人以六千人守地九千六百尺積得前一千六百步積得四里餘一百六十步爲營轉以六千四百尺得步一千六十六步四尺爲弦弦置三門相去三里五十步一尺五寸營內有地一十五頃八十五畝五十八步四尺右置上弦門中偃月門左下弦門偃月中營營以二千五百尺守地四千尺得前六百六十步餘四尺積步得一里餘三百步四尺每幕加地四尺五寸四分每幕營中兩相置土

馬一十二疋大小如常馬被其鞍令士卒披甲冑旁
弓矢佩刀劒持矛盾左右上下以便習事

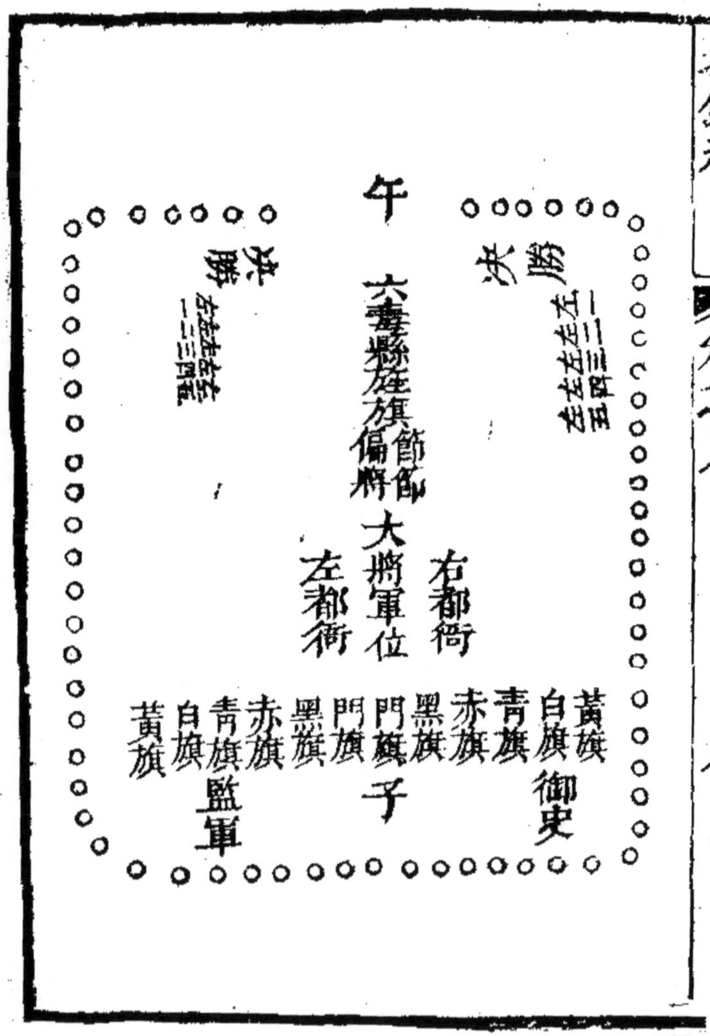
午
決勝
左一
左二
左三
左四
左五
決勝
六纛懸旌旗偏將
節旄
右都衙
大將軍位
左都衙
黃旗
白旗
御史
青旗
赤旗
黑旗
門旗
門旗
子
黑旗
赤旗
青旗
白旗
監軍
黃旗

教弩第八十五

凡弩古有黃連栢竹八擔雙之號今有絞車弩中七百步攻城板壘用之蹶張弩中三百步騎用之凡臨敵用不過一二發故戰陣不便於弩用也弩不可離於短兵常別爲隊攢前注射則前無立兵對無橫陣復以陣中張陣外外射番及輪廻張而復出射而復入如是則弩無絶聲敵無薄我矣夫置弩必處其高爭奪山川守隘塞之口者非弩不克馬欲教之時乃下命曰張弩後丁字立當弩八字立高揖手衫襟左手承撞右手迎上當心門張有闊狹在胜右膊遍腹

當心安箭高手敵遠一作遠抬頭左右囘身故敵在高掣脚放敵在近半身放射訖却唱殺掣拗鵰尾覆弩在地焉此殺弩之法也

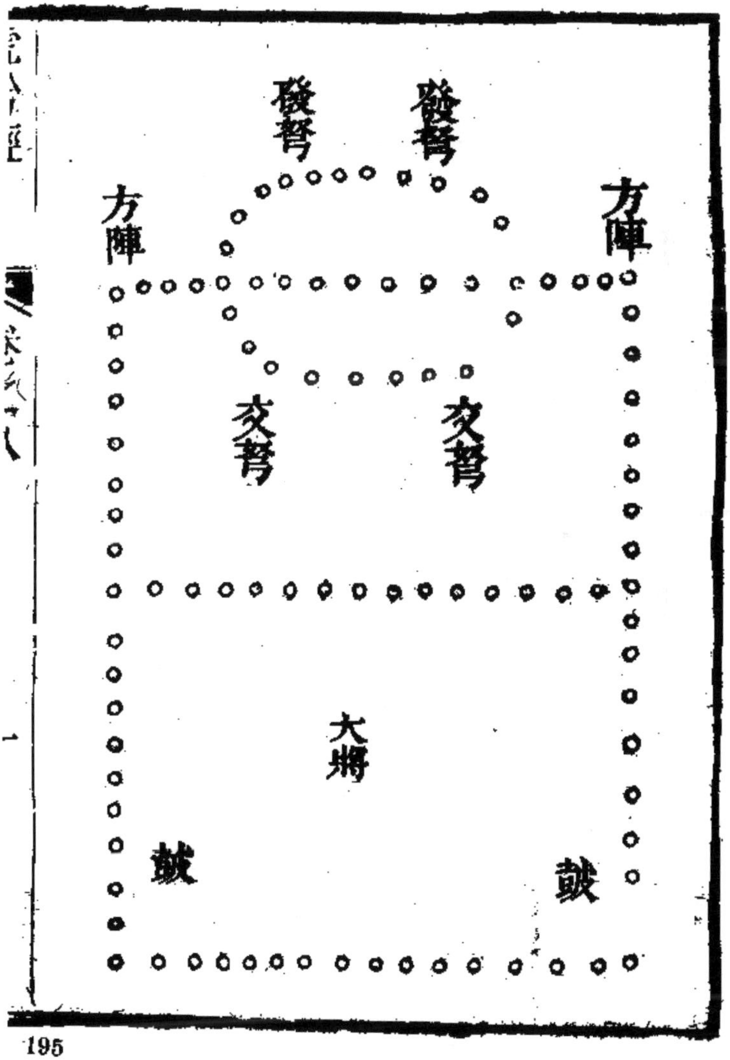
發弩
發弩
方陣
方陣
交弩
交弩
大將
鼓
鼓

教弓第八十六

凡射必中席而坐一膝正當梁一膝前竪按席稍吐下稍向左微令上傾向右然後取箭覆其手微拳第二令節齊以三指捻箭三分之一加弓手亦三分之一以左手頭指受不則轉弓令弦稍離身卽易見箭之高下取其平直然後擡弓離席目視其地按手頭下引之令滿持其弓手與控指及右臂肘平如水准令其肘可措杯水故曰端身如幹執臂如枝直臂者非初直也篤弦畢使引之比及滿使臂直是也引去不得急急則失威儀而不主皮不得緩緩則力難爲而

箭去遲惟善者能之箭與弓弛齊爲滿地平之中爲盈冑信矣而術准要令大指知簇到然後發箭故曰簇無（一作不）上指必無中理指不知簇有於無目試之到也或以目視簇馬上與暗中則乖此爲無術矣故矢在弓視在弓在箭發則靡其消厭其肘仰其腕目以注之手以注之心以趣之其不中何爲其易矢量其弓弓量其力無動容無作色和其肢體調其氣息一其心志謂之指式知此五者爲上德故曰莫患弓軟復當自遠莫患力羸當常引之但力勝其弓則容貌和發無不中故始學者先學持滿雖能制弓定其體

然後射之初去地一丈百發百中寸以加之漸到於百步亦百發百中乃爲之術成或升其的於高或致其的於下或以禽獸爲的也凡弓惡左(一作右)傾箭惡直儒(音溥)頭惡傷引頭惡腳垂(一作旣)胸惡前亞背惡後偃皆射之骨髓病也故身前竦爲猛虎方騰額前臨爲捧見欲鬭出弓如懷中吐月平箭如絃上懸衡此皆有容儀之善也控絃者二法無名指壓小指令中指壓大指頭指當絃直立中國法也居大指以頭指壓勾指此　法也　法力少利馬　上漢法力多利步用然其持妙在頭指間世人皆以　其指末齪弦致箭曲又

傷羽但令指面隨弦直堅則脆而易中其致遠乃過常數步古人以爲神而秘之故法不使大指過頭指亦爲妙爾其執弓於便把箭入㧜後當四節指本節平其大指成郎承鏃却其頭指使不礙則和美有聲而後快也射之道備矣

教旗第八十七

凡教旗幟平原曠野登高遠視處大將居其上南向左右各置鼓一十二面各樹五色旗六纛居前列旗節次而監軍使御史裨副次左右衙官隊如偃月形爲騎下臨平野使士卒目見旌旗耳聞鼓角心存號

令乃命十將左右决勝將總一十二將一萬二千人去兵以精新甲馬幡幟分爲左右廂各以兵馬使爲長班布其節次陣間容陣隊間容隊曲間容曲以長參短以短參長回軍轉隊以後爲前以前爲後進無奔迸退無遽走孫子所謂紛紛紜紜闘亂見不可亂渾渾沌沌形圓而不可敗者奇此之謂也以正合以奇勝聽音視麾作合而作動之便也每一陣分校四校皆有五校五校各立將軍校尉以準於古每校亦各有陣數其分布隊五皆准圖之遂部兵器率以槍戰戈鉦居首隊而包於弓弩焉包於弓弩一作包弓弩於十左校以青龍旗表之右校以白虎旗表之中校軒轅大將所處

左鼓右旗四陣同着謂之一隊者三十五人一部者二十隊也每一校不常其部各列陣數應敵之勢貴戰鬬之際前後不相交亂也飛鶚陣前校出首騎者所以爲重也前出一部爲觜次四部爲面餘五部包之於首左右校出騎兵者內以副身外以副項及首也夫鶚以搏擊爲俊故陣欲觜爪之利焉重霞陣衡其不動卽分兩穗從旁擊焉敵若驚亂前校騎兵兩穗進擊步士則不可輕進但在本處受戰若前衡騎退卽前校騎兵進前校騎兵退卽前衡騎兵進夫雲霞以開闔進退不常其去故前校其兵往來氤氳以象

之也長虹陣及八卦陣皆有衝突外以安敵之不意內以衛大陣也夫長虹以爲名者取陣形彎前扼敵之勢八卦以名之者取八面受敵之象也凡四陣逐部結陣之法橫七隊爲首橫七隊爲身橫六隊爲尾部兵每一部橫七十步首橫七十步厚十步身亦如之尾橫六十步厚十步身去首二一步前後並同騎兵每一步橫一百四十步厚六十步八步首橫一百二十步厚二步身亦如之尾橫一百二十步身去首四步亦如之受戰之時大陣不可輒動敵衆未薄則大敵離於是三令立申白旗點鼓音動則左右廂齊合

朱旗點角聲動則左右廂齊離合與離皆不離中央之地左廂陽回而旋右廂陰回而旋左右各復本位白旗掉鼓音動左右各雲蒸鳥散彌川絡野然而不失部伍之疏密朱旗掉角音動左右各復本位前後左右無差尺寸散則法天聚則法地如此則三合三離三聚三散不知法者使士之羅從軍令於是大將出五彩旗十二口各樹於左右陣前每旗用壯勇士五十人奪旗者勝賞而負罰離合之勢聚散之形勝負之理賞罰之信因是而教之

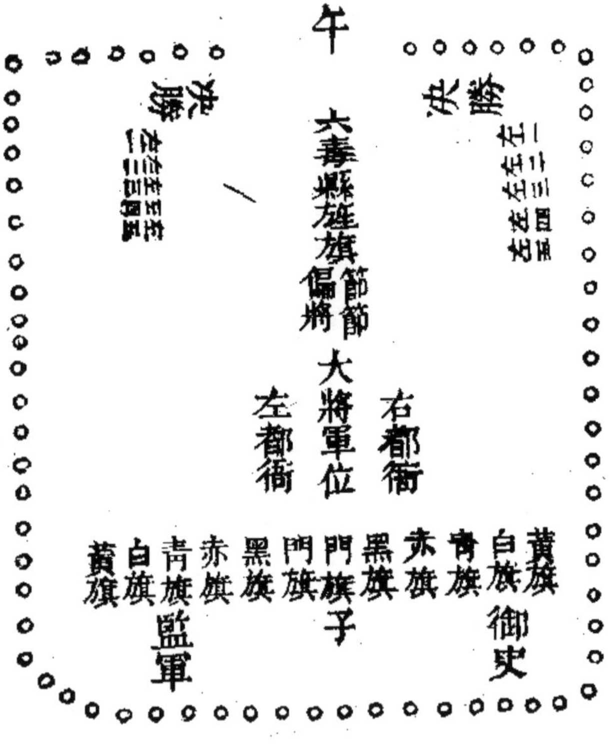
午
決勝
左一
左二
左三
左四
左五
六纛懸旗
節節
偏將
大將軍位
右都衙
左都衙
黃旗
白旗
御史
青旗
赤旗
黑旗
門旗
門旗
子
黑旗
赤旗
青旗
監軍
白旗
黃旗

校獵第八十八

校獵一人圍地三尺量其人多少以左右兩將爲校頭其次左右將各主士伍爲行列皆以金鼓旗爲節制其初起圍張翼隨山林地勢無遠近部分其合圍地虞候先擇定訖以善弧矢者爲圍中旗其步卒槍幡守圍有漏獸者坐守圍吏大獸公之小獸私之以觀進止之節亦教之一端也

軍樂第八十九

夫軍中作樂所以激揚壯氣和其心滔其憂而已故其樂但清厲峭板雄壯之音至於彈弦鼓簧柔媚之

音使人悲慼怨懟者皆不可取焉其戲亦取壯猛而
可觀者樂皷杖笛觱篥鉦柏多少隨部伍用戲板橛
角鵰馬騎飛石劍鬥斫刀搶牌師予

軍賜第九十

錦袍金帶銀帶銀壺瓶金壺瓶金錢銀錢每一文重
一兩所得敵人財帛所得敵人婦女酒食鞍馬弓箭
玩好等皆充軍賜之物

大將軍員第九十一

大軍一人智信義勇賢明者任副將三人一主軍糧
一主馬糧智信仁勇忠義平直者任總管四人嚴勇

諳識軍容者任二主虞候二主押衙子將八人明行陣金鼓曉部置者任大將別奏八人兼十六人副大將總管別奏並同大將忠勇有才者任判官二人沉厚密謀者任偏裨腐儒不堪令禮義賓客祭祀與四人兵會騎曹

陣將軍員第九十二

偏將一人勇猛果敢揮戈掉劍力敵百夫好勇者任副偏將二人子將四人明旌旗金鼓節令者任一傔二人多機謀能擒奸摘伏者任城房二人點平更漏無失紀舉偏將別奏六人傔一千二人副將奏同傔

判官一人虞候傔充子虞候八人典二人

隊將軍員第九十三

押官一人經軍陣習戰對隊頭二人副隊二人主文書名目點簿酬功行賞知勞苦明部隊行列秉旗一人副旗二人勇者用抱鼓一人主昏明警進止吹角一人主收軍司兵一人主五兵利鈍提轄承掬一人主摧崖科惡口舌無情者人(郎在)火長五人主持採等

征馬第九十四

征馬副一人副大將擇能養者(巳下畫同)總管二人副將子將八人軍隊子將押官五十人羣頭五百人善騎馬

奔走者任馬十一千人軍外差能者御之

牧放第九十五

諸營分作冀旗一放馬甸隊作記其放驢於外其馬中央令四面援馬放驢馬子並宜於驢羣四面圍遶驢羣知更收狂賊偷馬例須(一作到僩)奔走驢在外驅稱稍難以次防閑亦甚尤便營別卽令別放諸羣不得相交非直發引之不難忽有不虞追喚亦易諸將軍立營驢馬各於所管地界放牧如營側草惡使擇好處放仍與虞候計會不使交雜各執本營認其如須追喚見旗疾知驢馬處所謂諸軍驢馬牧放不得連擊

每軍營令定一官專檢校遂水草合羣牧放仍定一
虞候果駋專巡諸營水草令各分界牧放不使參雜

虎鈐經卷第九

四陣統論第九十六

四陣圖者非古陣也臣切見李筌纂聚諸家陣圖但有形勢而已其部位行列精微尺寸則莫能釋然其名既多其要則寡臣因辨古陣之法創造新意別爲四陣之施可御而變因著論以明之論曰臣聞兵陣戰場立尸之所不能規度以古法何以取功決勝而

定天下乎是故結陣之術不可疎疎則難應不可密密則難用首欲棲翼欲輕腹欲實尾欲正棲者不可使過輕者不可使淺實者不可使不應機正者不可使不知便卽變今之所定四陣者十萬人之正陣也人數之多少臨時增減此非執盖此十萬人爲准則焉每一陣步兵七萬騎兵七萬以爲常准但四陣更變各隨所便而用之爾每步兵一人占地兩步騎兵一人占地四步取其出入輕各受敵夫四陣我以之法若敵爲彎陣我以飛鷂陣應之敵爲直陣我以重覆陣當之敵爲突陣我以長虹陣當之敵引兵四面圍我我以八卦陣當之此所

謂應敵者也其遂校所動各飛敵之去就焉善結陣者先結人心何謂先結人心賞罰明也欲士伍應變之精熟在日月數習之不能教陣者是舉其師與伍敵也夫孔子云以不教人戰是謂棄之此之謂也雖萬變之機不能精於陣戰之事與愚者同也然善戰者不陣騎兵也一部謂之五百出兵也部如騎之數

飛鶚陣第九十七

飛鶚陣圖

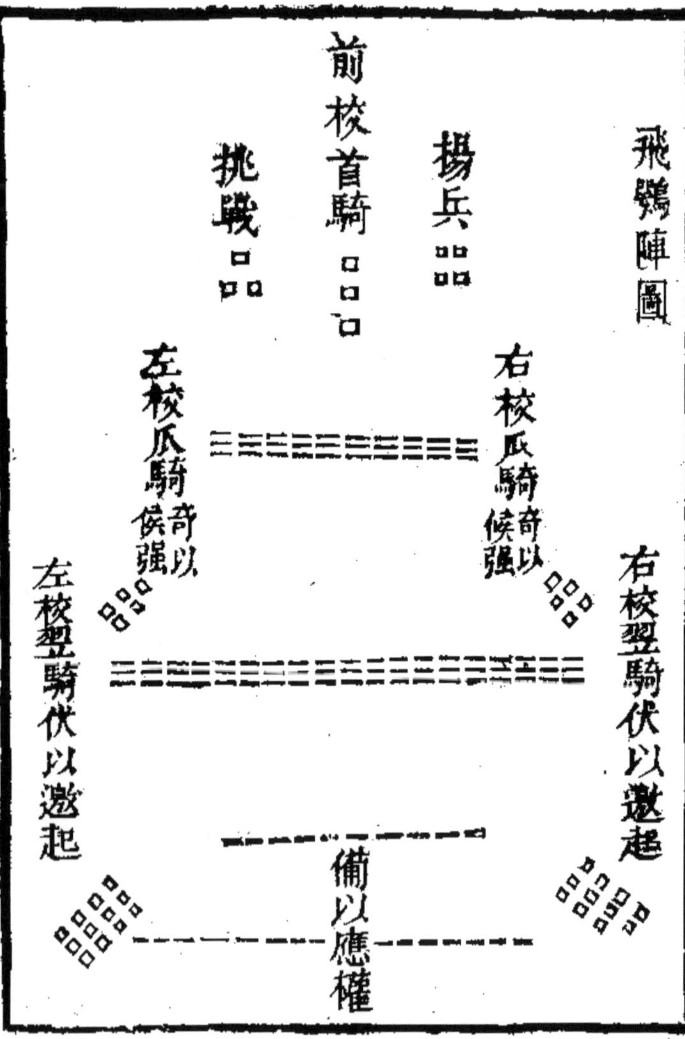

前校首騎
揚兵
挑戰
右校爪騎
奇以候強
左校爪騎
奇以候強
右校翌騎伏以邀起
左校翌騎伏以邀起
備以應權

前校首騎三陣一十部合成五千騎一陣一部長一百四十步第二陣四部（左右各祇一隊大陣中並同）長一里二百步（計五百六十步）第三陣五部長一里三百四十步（計七百步）前校項兵三陣步兵二十七步合一萬三千五百人第一陣九部長一里二百七十步（計六百三十步）第二陣并第二陣亦如之中校五陣步兵九十二步合四萬六十人第一陣二十一陣（郎部）長四里三十步（計一千四百七十步）第三陣第三陣第四陣亦如之第五陣八部長一里二百步（計五百七十步）後校尾兵一直陣步兵二十一步合（一作谷）一萬五百人長四里三十步（計一千四百七十步）左校爪騎二

陣五步合二千五百騎第一陣二部長一里六十步計四百二十步第二陣長一有八十步右校爪騎亦如之左校翼騎四陣二十步一萬騎第一陣五部長一里三百四十步計七百步第二陣第三陣第四陣亦如之左校翼陣亦如之前校首騎三陣之中兩處各處六十八步計一百三十六步在內虛實都厚三百四十步前校項兵三陣之中兩處各處三四步計六十八步一作一百三十步虛實都厚三百七十步中校五陣之中四處各處三十四步計一百三十六步虛實共厚三百六步後校一陣厚三十四步右校爪騎二陣之中一處

虛六十八步計二百四步虛實都厚一里一百一十六步左校翼騎亦如之前校之項前去首騎之末三百四十步中校之首去前校項兵之末一百七十步後校之首去中校之末自前校首其之到後校之井虛在內其厚四里二百二十步計一千六百七十步左校爪騎居中校左校相接之地中校稍前一百三十步右校爪騎所居之地亦如之左右校低於中校第二陣一隊與中校相去各一里四十步統成一大陣虛實共長八里二百七十步計三千一百五十步

長虹陣第九十八

長虹陣圖

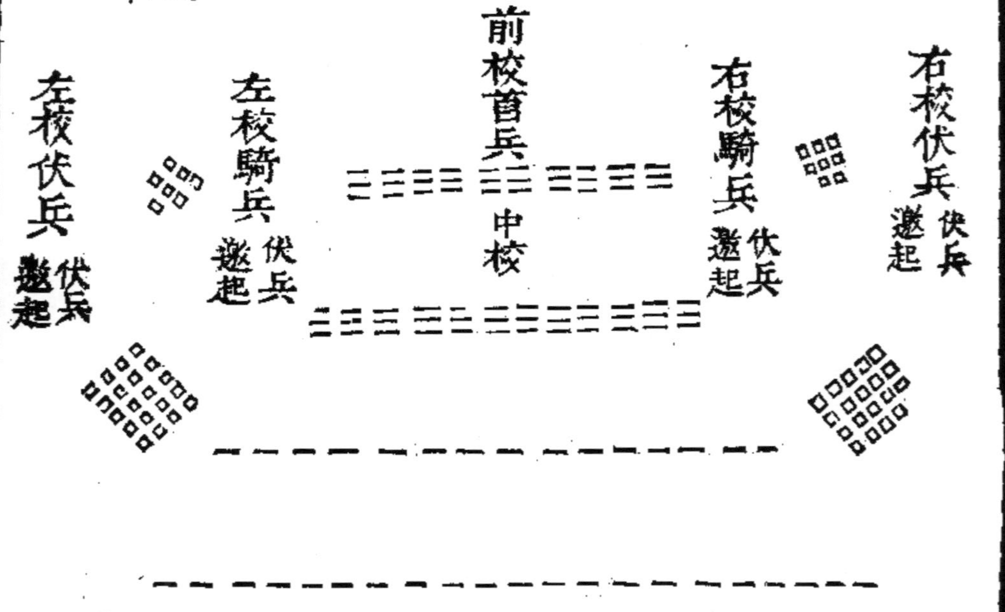

前校三陣步兵三十七部合一萬三千五百人第一陣九步長一里二百七十步（計三千六百三十步）第二第三陣亦如之中校五陣步兵九十二部合一萬六十（作千）人第一陣一十九部長三里二百五十步計一千三百三十步第二陣二千一部長四里三十步（計一千四百七十步）第三第四陣亦如之第五陣一十步一里三百四十步（計百七步）後校一陣步兵二十一部合一萬五百人長四里三十步（計一千四百七十步）右校衝騎二陣八部合四十騎第一陣五步左右各抵隊長一里三百四十步（計一千步）第二陣亦如之第三陣六部長二里一百二十步（入計

百四十步第四陣亦如之左校四陣與左校同法前校三陣之中二處各虛三十四步計六十八步左內都厚一百七十步中校五陣之中四處各虛三十四步計一百三十六步虛實都厚二百六步後校一陣都厚三千四步左校衝騎亦如之中一處虛六十八步虛實都厚二百四步右校衝騎亦如之左校四陣之中三處各虛五十八步計二百四十步虛實都一里一百二十二步計四百七十二步右校亦如之中校之首去前校之末一百五十步後校之首去中校之末一百二十步自前校之首到後校之末虛實共厚二里六十步計七

百八十步自後校之首左右校衝騎之末一百五十步自左校衝騎之首到右校之末虛實共厚一里三百一十六步計六百七十六步右校衝騎到左校之末亦如之左右校角各去中校角一十步計二十步在內左右校第一陣第二陣與中校齊頭以向中校翅各一部爲准外府高於中校六十步左右校角第三第四陣皆掩一百在中之後統成一大陣彎長七里二百三十步計二千七百五十步

重覆陣第九十九

重覆陣圖

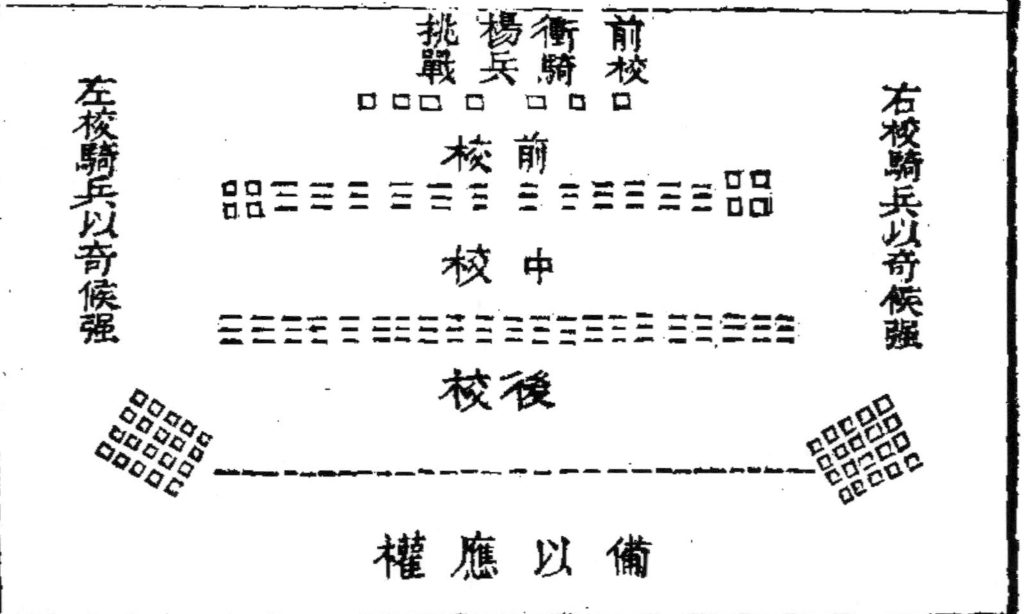

前校衝騎三陣一十二部合六十騎第一陣六部左右各抵一隊長二里一百二十步計八百四十步第二陣亦如之前校四陣步兵三十五步騎兵八部兵四十三步計步騎各二萬一千五百人第一陣步兵九部步騎兵左右各二部計一十三部長五里一百一十三步計一千一百九十八之地各處步并步騎二處相接四步在內第二陣步兵九步長一里二百七十步計六百三十步第三陣與第一陣同法第四陣步兵八步長一里二百步計五百六十步中校四陣步兵八十四部合一萬二千人第一陣二十一隊四里三十步計一千一百七十步第二陣第三陣第四陣

亦如之後校一陣二十一步合一萬五百人長四里三十步（計一千四百七十步）右校四陣騎兵二十步合一萬騎第一陣五部長一里三百四十步（計七百步）第二陣第三陣第四陣亦如之右校四陣與左校同法前校衝騎二陣之中一處虛六十八步虛實都厚二百四步前校四陣之中三處各虛三十步計一百二步虛實都厚二百三十八步騎兵郎虛六十八步厚薄同數中校四陣之中厚薄之數與前校同法無騎兵數校後一陣後三十四步左校四陣之中三處各虛六十八步（計二百四十步）虛實都厚一里一十六步（計四百七十六步）右校

亦如之前校之首去中騎之末二百步自衝之首到後校之末并虛在內共厚二里二百三十四步計一千三百一十四步左右校於中校平頭各相去四步計八步在內統成一大陣長七里三百五十八步計二千八百七十八步

八卦陣第二百

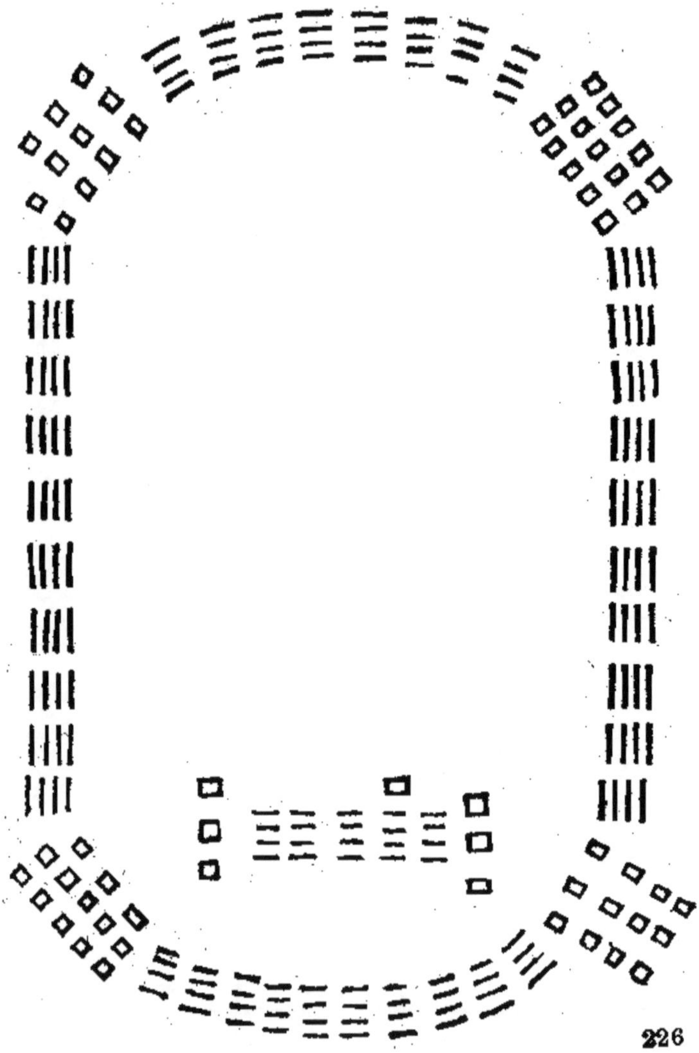

衝騎四穗各五部每穗一部居中中部則居於左右前各二處各相去二十步虛實彎長二里二十步計七百四十步每穗各二千五百計四穗並同居大陣角前披掩左右去大陣三十步不係大陣厚薄之數四陣並同法前校四陣步兵二十步騎六部共計六十四步步騎合一萬七千人第一陣步兵七步騎兵左右各二部計一十一部長二里三里五十八步計一千五百人部并部騎三處相接之地各座四步第二陣步兵七步長一里一百三十步計四百九十步第三陣步兵七部騎兵左右各一部計九部長二里五十八步計七百七十八步虛法同前第四陣與第二陣同法右左後

校並同前校法中校七陣步兵二十八部騎兵八部共三十六部部騎合一萬八千人第一陣步兵五部騎兵右各部共七部長一里二百七十八步計六百八十六步并步騎二處相接之地各處四步第二陣步兵五部長三百五十步第三陣第五陣與一陣同第四陣與二陣同法第六陣步兵三部長二百一十一部第七陣步兵二部長二百八十步前校四陣之中三處各虛三十四部計一百二步虛實都厚二百三十八部騎兵即虛六十八步厚薄同數左右後校並同前校法中校七陣之中六處各虛三十四步虛實都厚一里一百一十六步計四百七

（十六步）中校不常其地觀四面敵人力攻之處則應之別出騎兵八部居大陣四角之內每二部第二陣後一部兩稍指大陣指去五步第三陣後一部同前部法（四面並同）統成一大陣每角前虛一百步計四百步在內徑三里一百八十步計一千三百六十步四方並司外環一十二里三百一十三步（計四千六百三十二步）如敵司兵四面俱以衝騎力戰大陣不可輒動衝敵之進退令無反自蹂踐我陣焉

飛轅陣第一百一

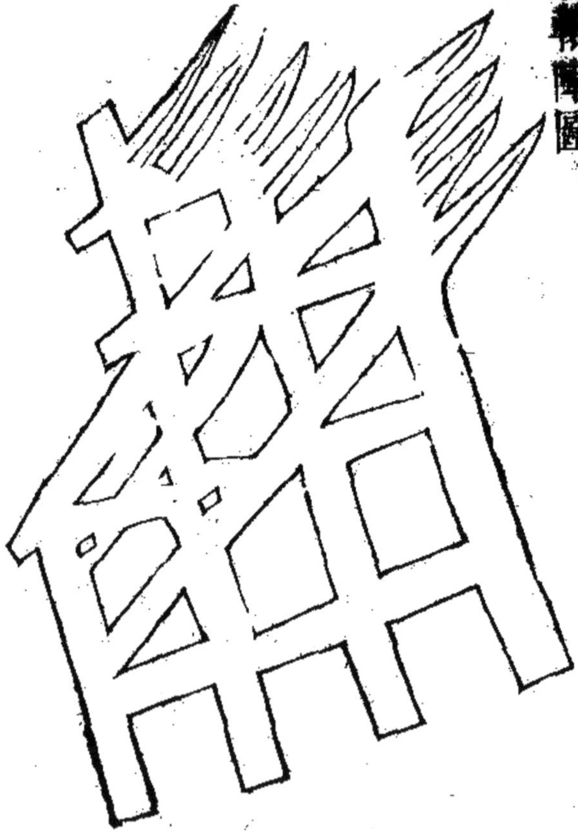
飛轂陣圖

飛轅陣者非古陣也臣切謂戎馬以衝突爲利因此寨以禦之每一車等四條每四條長六尺五寸徑方一寸五分前間一尺爲槍頭側立槍頭以好鐵爲之一尺爲幹過竿方八尺二寸五分笋中間二尺近鑽方一寸五分笋後間八寸爲幹三寸爲鑽鑽亦以鐵爲之其竿各相去七寸一分鑿圓竅以扇之其方兩頭各路六寸三分槍頭四條每條長二尺五寸內一尺爲槍頭一尺爲幹法同前二寸五分入槍頭方笋二寸五分五分通過後以拴之脚四度每隻長四尺徑方一寸五分搭腦一作腦笋入一寸上間一尺通竿方入二寸五分笋中

間一尺一寸置槍頭方入二寸五分筍下間一尺一寸陷雲頭筍二寸令透底脚各居竿亭中安置兩畔間各闊七寸一分中闊一尺五寸七分方二條每條長四尺徑二寸五分穿脚兩頭各露二寸鑿竅各闊一寸五分以脚穿之近鑽方一條長四尺二寸五分闊一寸五分搭腦方一條長四尺徑方以一尺五寸雲頭自四角起狀如車輞而起闊一寸五分厚三寸二分彎長七寸一分車通竿上用鐵鈎二左右各一也一照內而一垂下以牛車挽之如有所犀則衆車相鈎聯周環如城以拒衝突欲戰則旋折開爲門內

鑽强彎為守行則剖之止則聯之每一車用步士一人禦之其用兵器者不限其數或丘營或據險皆可用之也

虎鈐經卷第九終

虎鈐經卷第十

相人第一百二

凡欲擢用先須辨人形神肌骨之貴賤且人神隱於

中形藏於身氣發於外先觀其形夫山有美玉草木滋茂人有貴相氣色豐潤人雖處下品顏色形神器度動止與衆殊也相有七等也一曰看骨二曰看神氣三曰看肉四曰看色五曰看文理黑子赤子六曰看毛髮七曰看星文人相有十成一曰神氣清二曰五岳齊三曰笑語美媚四曰聲色深沉五曰鬢髮每間六曰詞語穩重七曰接對無偽八曰不欺信行九曰爲事正直十曰風骨合度此謂十成之相也十成之人其可信乎經曰七成八成臣中（一作子）尊貴位極人臣也凡欲相人先視其頭頭者五臟之主四體之父

百體之母頭面之間有五嶽有四瀆有四骨四瀆鼻江口河目淮耳濟四骨龍骨神龜驛馬伏犀平滿爲鵝高成爲岳入耳曰權骨入鬢曰驛馬耳濟爲將軍左目後骨爲日角右目後骨爲月角圓爲龍宫鼻上天中曰伏犀交兩邊溝外神龜額間後爲中子中子下高爲龍角骨主三公台輔之骨腦後爲玉枕此骨一十六般並應頭面之主且玉枕之相自兩耳上中平爲百歲前頭後腦前爲星堂後爲玉枕也其一〇卒軸枕其二∞∞∞六字枕其三∘∘∘連珠枕其四◡仰月枕其五◠覆日枕其六八兩背日枕其七吕上下相

背月枕其八◎如環日枕其九品十字枕其十戸一字
枕其十一〃左稍枕其十二〵右稍枕其十三○垂
露枕其十四○鷄子枕其十五口犀口枕其十六口
懸枕如此者皆公侯之相也又若人之形也魂居肝
魄居肺志居脾精居命神居心故心有五輪則目亦
有五輪五行各以居其位且(一作低)觀其目則知其心矣
是以心圓者上也鈴尖之破地者主奸詐夫心如月
形者爲盗如弓形者主非命圓者主事不虛妄之情
目之多正視主忠孝慈惠心鈴形者屬大能齊明昏
禮義目視重大圓顧有常聰明智慧心破梯者目視

瞬息高下主多作盜言詞虛妄無信心月形者目視百廻高下屬水水流急不還少信行不忠孝貽賤流在外而死心如弓形者目視左右高下方圓兼露白睛必死遠方爲子殺父爲臣殺君至若解尻如鬼神有形而無骨莽蒼無色黃色亂澀口葉舌尖腸淺語薄似歎不歎似顛不顛面毛半茸若有塵衣腦髮倒垂鶴頭露結忽行後視神沭昏茸骨法不正如是者皆極賤人也

金瘡統論第一百三

人爲兵器所傷出血者甚渴者不可卽與飲食恐饑

毛在吻須乾食食肥膩之物無所妨害貴解渴而已
不可多食粥則血沸出入心死矣所忌者有八焉一
曰嗔怒二曰喜笑三曰大言四曰勞力五曰忘相六
曰虀羹粥七曰飲酒八曰鹹酸此入者犯之未有不
死者矣夫金瘡不可治之者有九焉一曰傷腦戶二
曰傷天窗三曰傷臂中跳脉四曰傷脾中陰股五曰
傷心六曰傷乳七曰傷鳩尾八曰傷小腸九曰傷五
臟此九者皆死處也又曰金瘡不可治之者有四焉
一曰腦髓出二曰腦破而咽喉中沸聲啞目直視三
曰痛不在瘡處者此謂傷經也矣四曰出血不止前

赤後黑或自肌肉腐臭寒冷堅忍其瘡難愈此四者皆不可療矣除此之外復胗其脉脉虛細者生數實者死沉小者生浮大者死其所在傷處出血過度而脉微緩者生急疾者死矣

治金瘡第一百四

金瘡方右五月五日平旦使四人出四方於五里採一方草木莖葉每種各半把勿令脫漏一事日午時切碓擣令極爛仍先揀好石灰一斗同杵之復遏大實樹三兩株鑿作十竅令可受葯然實於竅中緊葉之畢卽以麻皮係之用麻擣石灰密泥不令滯氣更

以皮纏定令牢到九月九日子時取出陰乾百日藥成擣之曝令極乾更擣用絹羅之凡有金瘡傷所出血用藥封裹勿令轉動十日即瘥矣不膿不腫不畏風若傷後數日始得藥須先用溫水洗令血出即敷之此藥大驗如神預多合之金瘡之要無出之者治金瘡中風痓口不語方赤箭一兩桂心三分防風三分去芦頭巴豆二分去皮及心然後研之極爛用紙裹壓又法用吳茱萸半兩湯浸七遍焙乾微炒天南星三分炮令烈白附子半兩泡烈硃砂一兩水飛過乾姜一分泡烈附子三分去皮尖臍泡烈乾蝎半兩

生用右件搗羅爲末用釅醋三升熬成膏丸如桐子大每服三丸不計時候熱葱酒下服後汗出爲效金瘡辟風止痛方當歸半兩剉微炒川椒半兩去目及閉口者微炒出汗澤瀉半兩芎藭一兩附子一兩去皮臍右件搗藥羅爲末若金瘡有出瘀血以溫酒調下一錢日三服止金瘡出血不止方龍骨一兩剉微炒芎藭一兩熟乾地黃一兩鹿茸半兩塗酥炙令微黃色先須去毛烏樟根三兩突厥白一兩右件搗羅爲末敷在瘡上血卽止如服以溫酒調下二錢日三服金瘡內漏方金瘡通內血者爲內漏而脇脹者不

能食死瘀血搏在於腹內腹牢大者沉者死耳以方
蚕虫三十枚去翅及足微炒桃仁一兩湯浸去皮尖
雙心麩微炒黃桂心一兩半川大黃三兩剉碎微炒
水蛭三十枚微炒黃右件爲末每服二錢用童子小
便一鍾煎至五分溫和滓服日五服夜三服如卒無
小便用水并酒代之服訖然後以胡粉散敷上瘡胡
粉方粉二兩乾姜二兩生栗子二分陰乾去皮爲末
敷瘡上卽痊矣出箭頭方蜣蜋自死者一枚狗子三
枚婦人髮灰少許右將蜣蜋去殼取其白肉與二味
同研如泥用生油塗中箭處則如膏藥俟肉微痒卽

以兩手壓之其箭自出出骨中箭頭方雄黃一分蜣
蜋一分研石灰末一分牛糞火燒之令赤色葳靈仙
一分朝桂鼠一枚去頭取血右爲末入鼠血并煉蜜
和丸如黃米大內瘡口中其箭鏃不拘遠年自出出
肉中箭頭方巴頭一枚去皮膩粉壹分硇霜少許磁
石半兩細研蜣蜋一枚右爲末以鷄清和丸如菉豆
大先以針撥開瘡癬用生男子乳汁化一丸撚在破
處上用醋麵紙封貼常痒痒極不可忍其鏃自出也
多年者兩上當年者一上卽出箭鏃出後服食方牡
丹半兩鹽半兩白蘞半兩右爲末每於食前以溫酒

調下二分中途箭方蘆根一兩藍葉一兩紫檀半兩
石灰末二兩以牛糞火燒令赤右爲末不拘時候以
藍葉汁調下一錢粥飲下亦得中毒前後皮肉瘀腫
方梨母子一斤爛研去核鹽麩子五兩擣之曝乾更
擣用絹羅之凡去粗漬菉豆三兩炒熟石灰末三兩
牛糞火燒令赤藍子五兩黃連三兩去鬚蛀顆栗子
三兩生用黑豆三兩炒熟大黃五兩赤芍藥三兩右
爲末煉蜜調爲膏每服以溫酒下一茶匙日三四服
刀槍破腹腸胃突出方磁石三兩燒紅醋淬七次擣
碎研如粉滑石三兩鐵銹三兩右爲末敷槍腸胃上

後別磁石末用粥飲調下一錢一日三四服腹又縫
補方又若皮肉斷裂剝取新桑白皮作線縫之以新
桑白皮褁之又以新桑白皮汁塗之極妙小瘡但以
桑白皮褁便如筋斷後亦封於上可以續之付毒箭
及馬汁方虻虫大大首者去翼於端午日收之陰乾
爲末每服一錢撥破瘡口以藥付之然後醋麪糊紙
靨子貼之即出毒也又方石灰末二兩以牛糞火燒
令赤色蜜佗僧一兩黃柏半兩剉膩粉一分右爲末
每用先以鹽水洗瘡後用藥敷之日一換之

疫氣統論第一百五

結營須象山川卑濕之地其濕燥毒氣腫襲人口鼻者則山瘴之瘖癘生焉又若寒暑之氣不節夏寒冬燠或夏傷於大暑熱氣盛藏於皮膚之間加以士卒之衆衆之氣相蒸爲溫臭則時疫生焉抑又所蒸之地士卒不辨水土之性溫涼之氣致陰陽二氣乖亂於腸胃間則霍亂吐瀉生焉斯之三者衆氣生疾之地十有五六焉故臨戎之不得不預備之乎

治疫氣第一百六

時氣方疫用茵陳二兩大麻仁五兩研如膏豉五分炒乾常山三兩梔子二兩芒硝三兩細研鼈甲二兩

塗醋汁令去袢爛杏仁二兩湯浸去皮尖雙仁麵炒微黃色巴豆一兩去皮心炒令黃紙裹壓去油細研右爲末合勻煉蜜和搗五六百杵丸如桐子大每服粥飲下三丸或吐或痢或汗或不吐痢或不汗再餌之若更不吐痢以熱粥飲投之觀其症候加減霍亂吐瘧方桑葉一握編一作篇竹一握右細剉末用水一大盞服山瘴瘧方常山三兩烏梅二十七枚觥帶三寸獨顆蒜一枚以酒二大盞作二服初一服先未發時喫次一服臨欲發時服如不發卽止溫瘧方麻黃一兩去根節牡厲粉一合一作分蜀漆甘草犀角屑知母各

半兩右爲末用水兩大盞慢火煎一盞半去粗分爲
三服早起午初夜服之

治皸瘃第一百七

士卒涉水蹈冰蒙犯霜雪寒風一切淩凍所苦或失
於飲食肌體虛勞故頭目乎足皸瘃也治手足皸瘃
血出方猪胰洗之立止手足皸瘃方右取川椒四合
以水煮之去滓漬頃出令燥須臾後浸乾卽塗羊猪
腦髓尤妙涉水冒霜手足凍裂方又取麥葉濃煎汁
熱洗之卽愈手足凍裂成瘡方右以羊髓熬成膏油
入炒黃丹攪勻令搽塗之三二五次卽愈手足指節皸

裂欲墮落方萊州青石作器物者以刀子細刮取末欲落指節相柱文縷微連便以石灰末厚覆其上以帛子繫纏之其痛卽止其指十日卽復安矣

禳厭第一百八

厭敵兵法中夜設於北斗不致酒脯焚香爲祭藉用白茅用五色綵爲幣大將北面再拜禱祝以所祈之事三奠而止伐陰木之枝爲六甲符符中書六甲名祭罷以爲六囊各盛一符卽以本旬符囊繫於旗纛內勿令人覺之遂舉而止敵人當自駭走矣厭疫法大疫當取虜獲首級不計多少於上風焚之人疫大

盛則有用此法疫少亦假用之令其烟氣衝襲[一作疫]者經時撤去可以辟厲氣矣厭王氣法敵之王氣久而不衰者觀其氣王于何方當六甲旬首正子時于營中月空上環三九步以朱畫八卦壇位成三界其內畫十二辰及月將之名東西南北相去數步取蒼狗白鷄各一隻大將披素服右手仗劍左手按二畜北面立默誦敵將名氏即斬之埋于氣旺之方深三尺氣衰則去之厭敵將法敵將之命厭于我[命者謂五行細人客搆其敵將之命也令生年月日時也]當我即以所旺相之色可以克彼者隨所旺月日及時客制克之[所旺日時假令敵將火命王我則擇火日]

水時爲黑道休省之勿令他人見戰陣當以皂旗爲衝它者倣此伏鳥厭兵法夜伏兵於林薄慮禽鳥驚啼者當以方書十干之號有十二辰之名十二之號有二十八宿之號懸於巢上林上則禽自不驚啼而兵可伏矣于謂從中列見辰謂從子辰亥日月位攝提格若星從角到輪也

相馬統論第一百九

夫馬之所生無毛者能行千里先舉一足者行五百里但數其筋得十一郎凡馬也十一十二者五百十三者千里過之三者天馬也一作枝毛起腕上者六百里腹脊上下平者百里五項圓者五百里眼中如童兒並

坐者二百里腹下有黃筋者五百里耳根下生角長一寸者三百里二寸者五百里三寸者一千里尿射過前脚者五百里項如渴鳥者一千里如初生而七日不能行才行便能飲水者千里之駒也放尿舉足者亦然（一作前）腹下毛逆生者同芝蘭孔中有毛長一寸此駑馬也鼻中金字者（一作人）十八歲四字者八歲八字者四歲鼻上赤者二十歲鼻上青者三十歲鼻上如有公王字者二十五歲眼圓有旋毛者三十歲目下不滿而白精多者此多驚也目白不深唇不覆面口小叉淺不鍵食齒參差不相當雖遇齒欲得上鈎者

好也凡馬頭欲如側摶耳欲得厚小左耳却害主右耳却不入陣眼圓欲得滿睛弩（一作弩）肉（滿身）額前錐毛欲得濃盛鼻欲得大脣欲得纔上脣欲得下中口欲得紅幷方大舌欲得（一作如）懸鉤面欲藏骨雁欲寬脅欲廣雙肋欲得分明蹄欲得厚膝欲得開腹欲得垂陰欲得小肚欲得方脞肉垂足足後欲得無毛尾欲得毛散尾核欲得長齊於梁骨尾林欲得麁汗溝欲得深膊祭橫文欲得分明脊欲得平身欲得短毛欲得細而突（一作笑）如是者馬之要相也

馬忌第一百一十

石灰泥槽損馬不得繫馬於門上令落駒養獼猴於坊內辟患并去疥癬戊寅日及庚寅時不得作廐作之者不及一年凶丙寅日不可出入馬三年人馬俱死申日不宜取馬必死戊午庚子之日不取并忌入廐大敗凡養馬作廐之法當擇時日之良而知所忌之凶矣

馬毛利害第一百一十一

若馬或白點入口者名的盧目下有橫毛者名死泣旋毛在吻後者名御禍白馬黑騌鞍下有回毛者名負屍腋下有回毛者名挾屍左脇下有白毛直上者

名曰帶劍汗溝過尾根者踏殺人腮上有旋毛者名目圍或後足左右白者或馬渾白而四蹄黑者或從前膊外從項去到脥腮應有毛旋者或毛旋在項者或爪黑面白者已上馬毛病者不利主也或馬前兩甲膊後近低處毛旋者能行五百里後眼近前低處毛旋者行之百里後一作後前膊到喉中間有旋毛者名印綬能行千里無益主也

治馬金瘡藥第一百一十二

馬中金瘡腸胃突出方芎藭黃耆當歸芎藭白芷續斷鹿茸黃芩細辛乾姜附子已上各三兩右爲末先

將酒令醉服五分七日三服稍加到方寸立愈

治馬雜病第一百一十三

灌馬方春夏用白礬秋冬用鬱金芎藭當歸大黃升麻黃連細辛乾姜已上各一兩右爲末入湯中以酒調灌之啗馬方鬱金大黃甘草山梔子貝母白芍藥黃芩秦膠一作花黃柏黃連欵冬花知母桔梗藁本等分爲末右用油并蜜和啗之每足二兩治馬瘟方右以獺肝肚肉去糞煑汁灌之治馬肚熱結寒顫不食方黃連末二兩白蘚皮末一兩油五合以臘猪脂四兩白水一升半調下牽行拋糞立効治馬卒熱肚結欲

死方以藍汁二升并水二升同灌之立效治馬逌起方又取壁上多年石灰細研羅又用油調二兩灌之立效治馬黑方忽臥不起汗流如珠肉顫氣喘者嘗汗淡即死汗鹹即死以人腳下汗䩞以水二升洗取汁灌之立瘥治馬不進水草方芒硝一兩驊騮半升已上和鬱金散灌之并刺帶血出一升治馬傷水方又以葱鹽油相和搓成團子納鼻中以捉馬鼻令不通氣又待眼中淚出即止治馬傷食方右以生蘿蔔三五箇切作片子啗之立效治馬喉中腫方軟物裹口子露一刺咽喉令便瘥又方以乾馬糞置瓶中將

口口口之以火燒灰口口口口中立瘥又方以猪脊
邊脂拌髮燒薰鼻中立效治馬草結方以白礬末分
爲二兩服每服和水飲後卽啗之神數又方以手撚
令銷如不銷火燒掃箒柄築之效點馬眼方靑鹽黃
雞仁馬牙硝已上各等分細研用蜜煎以磁瓶盛水
漫點之治馬疥瘡方臭黃臘月猪脂煎令髮銷及熱
塗之立效治馬瘡方以茵莧石灰同搗令勻擣作餅
子候曬乾復搗爲末先水以口含洗淨用藥貼之治
駒皃肚瀉方以蒿本爲末將大麻子研汁調三錢灌
下便效次將黃連末麻子解之腸藥方莨菪子烏頭

芫花茱萸扣脊蒼朮木鼈子葶藶子右等分爲末每
咀用半兩以醋麵椒蒜煎爲膏治之

虎鈐經卷之十一

天時統論第一百十四

天時者兵家之主也若夫星辰變見雲氣聚散六壬

旺相遁甲休咎風露雷雨之所動作陰陽晦明之所啓閉聲鼓之震響禽鳥之示情通天地鬼神之心開勝敗休咎之兆者其道何也臣切謂天地之道大正也夫陽爲實陰爲虛實有常而虛不常也法其實者政令之謂也政令一定之象也法其虛者權智之謂也權智應變之象也動以虛實爲用者天地之正一作身道也是以知政令權智之所設能應於天地者此之謂大順也或天地示其災變我以順應之示其吉祥亦以順應之是以順應正也如能以順應正行師豈有敗乎然雖黑一作雲氣出壘赤氣臨軍六窮起風三形

生霧皆爲敗象當其時苟能觀其凶變修政謹身卜地遷營應天睽日恭受譴戒(一作怒)而警省焉此可以易凶爲吉矣斯乃以順道應天者也臣今所列時日雲氣歷象之間其占候既不一在乎用兵者因其時擇而用之也若能善服人心以順天地之情和陰陽之性使災咎不見率由政令權智之得其道也又何暇審占天時以爲候哉

出軍日第一百十五

月殺月虛日利命將出征又日十二月中各有出軍吉凶日正月戊辰丙子庚午辛卯戊子壬辰丙辰丙

申二月丁卯辛卯此是九醜日宅月皆不犯三月甲子乙丑戊辰己巳丙辰庚申四月丁卯己卯辛卯癸卯(一作丑)五月丙申戊戌庚戌庚申壬戌六月辛未己未癸未庚寅丙申辛卯壬寅庚申七月乙丑乙酉己酉丁巳癸丑八月庚午癸酉壬午丙午戊午九月癸酉乙酉丙申丁酉壬寅己酉甲寅十月己酉甲寅已上用皆吉十一月十二月九醜八魁無翹大禍反激天賊天門四不出六絕血忌大敗諸日今悉刪而去之不在此十二月吉日(一作月)中唯犯九醜大凶一說云天乙絕氣日不可出軍攻戰正月六月二月七月三月

八月以次周十二月一說云六窮日不可出軍初九
十九二十八一說云天日門亦謂之往亡不可出軍
正月初七日二月十四日三月二十一日四月八日
五月十六日六月二十四日七月九日八月十八日
九月二十七日十月十四日十一月二十一日十二
月三十日若有急難擇時吉辰而動不用此日可也

四戰圖第一百十六

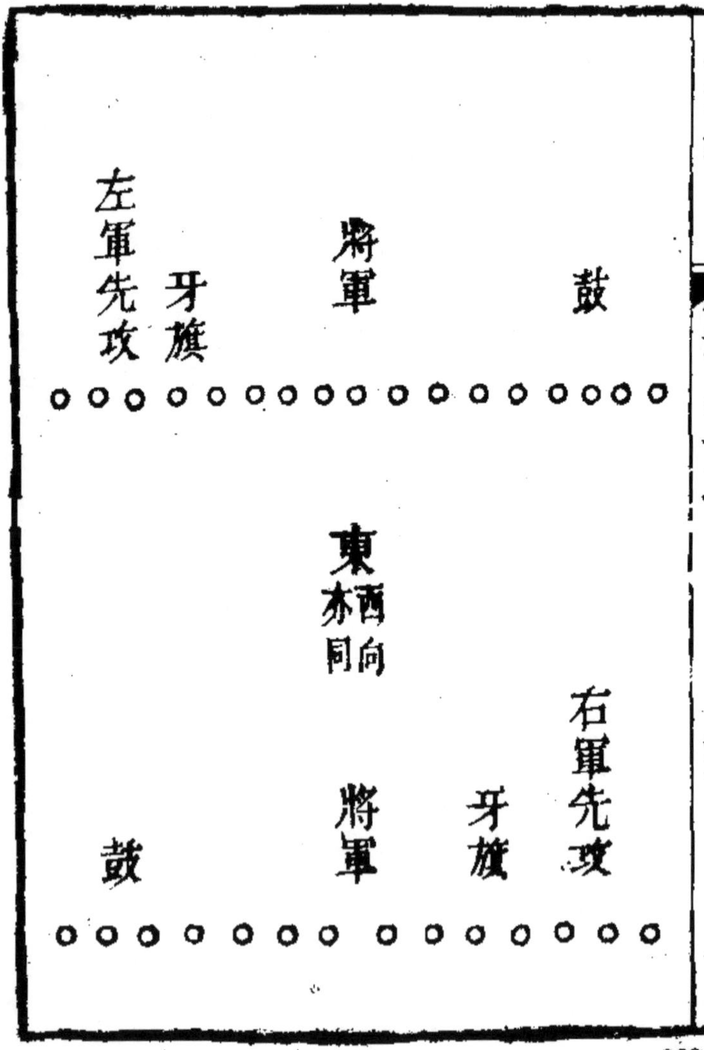
左軍先攻
牙旗
將軍
鼓
東西向亦同
右軍先攻
牙旗
將軍
鼓

孤虛第一百十七

一人已上用時孤虛萬人已上用日一作月孤虛日內如或賊不在虛上我已得其便地即用旬孤虛若復逼迫不得用孤虛之位背建向破假令卯爲建則酉爲破是也用日孤虛子日亥孤巳虛丑日子孤午虛寅日丑孤未虛卯日寅孤申虛辰日卯孤酉虛巳日辰孤戌虛午日巳孤亥虛未日午孤子虛申日未孤丑虛酉日申孤寅虛戌日酉孤卯虛亥日戌孤辰虛用時孤虛以時爲主方位並同旬孤虛甲子背戌亥擊辰巳甲戌背申酉擊寅卯甲申背午未擊子丑甲午

背辰巳擊戌亥甲辰背寅卯擊申酉甲寅背子丑擊午未背者爲孤擊者爲虛也用孤虛之時須觀年月所建（一作見）兵刃如山何可爲敗如或賊在虛久戰而不敗者切不可引退但併力擊之必勝矣故兵法曰背孤擊虛一女子當五丈夫此之謂也

九勝法第一百十八

黃帝曰行兵要背天目向地耳甲子旬天目在庚午地耳在戊辰甲戌旬天目在庚辰地耳在戊寅甲申旬天目在庚寅地耳在戊子甲午旬天目在庚子地耳在戊戌甲辰旬天目在庚戌地耳在戊申甲寅旬

天目在庚申地耳在戊午

地兵灋第一百十九 愚謂地兵者六丙耳丙爲天氣故不可觸也

太公曰凡行兵向陣勿可犯地兵將軍忌之甲子旬地兵在寅甲戌旬地兵在子甲申旬地兵在戌甲午旬地兵在申甲辰旬地兵在午甲寅旬地兵在辰

黃旛虎尾第一百二十

凡戰背虎尾向黃旛吉午戌歲黃旛在戌虎尾在辰子辰歲黃旛在辰虎尾在戌卯未歲黃旛在未虎尾在丑酉丑歲黃旛在丑虎尾在未也

遊門第一百二十一

出兵攻敵常須遊門正月天門在申百死在酉二月
天門在酉百死在戌三月天門在戌百死在亥四月
天門在亥百死在子五月天門在子百死在丑六月
天門在丑百死在寅七月天門在寅百死在卯八月
天門在卯百死在辰九月天門在辰百死在巳十月
天門在巳百死在午十一月天門在午百死在未十
二月天門在未百死在申

八卦第一百二十二

一日從艮擊坤二日從震擊兌三日從巽擊乾四日
從離擊坎五日從坤擊艮六日從兌擊震七日從乾

擊巽八日從坎擊離一日十一二十一日同前例擊
之每到十日二十三十日並軍忌不可用之

五姓第一百二十三

角得在巳陽子陰午生氣卯死酉刑禍申羽德在申
陽子陰午生氣子死午刑禍丑徵德在未陽午陰子
生氣午死子刑禍未商德在亥陽子陰午生氣酉死
卯刑禍午宮德在巳陽子陰午生氣子死午刑禍亥
以生氣擊死氣以陰擊陽

天罡第一百二十四

舊說曰天罡加孟神在內加仲神在門加季神在外

凡在所用以天罡加地戶可以入山林設伏兵以天罡加天門可以攻敵以天罡加酉隨便伏匿可以探敵事他人不覺知以天罡加于天地所通吉候也天罡加丑天地不一作小通以爲吉事不可以私忿興兵征伐遠行三十里止合吉一作酉天罡加寅天地慶悅舉小事吉天罡加卯天地開格不可舉衆天罡加辰天地初呼不可侵入關界守已地則敵人不能攻之天罡加巳天地神祐無憂患但進兵入敵境逢敵則出營勿與卽戰天罡加午天地初起而縱橫之時凶天罡加未天地小通宜小心行賞賜撫將校愼兵馬如是

吉反是凶天罡加申天地不遠揚兵堅壁設備吉天罡加酉天地關無路若出兵中道奔亡遇敵卽敗大凶宜守營自備天罡加戌天地返逆吏士謀殺主將主將備之天罡加亥天地迫無路行者止占戰鬭天罡加孟孟謂寅申巳亥是也利力戰加仲仲謂子午卯酉是也主客傷加季季謂辰戌丑未是也利客勿迎戰從去之占卒聞敵出軍加孟不出加仲半出加季全出占卒聞敵罷軍加孟不罷加仲及季俱罷占聞憂加孟不足憂加仲小憂加季大憂

雷公第一百二十五雷公者六庚耳庚爲天刑故不犯又庚乃百神聚之方

攝殺六律曰雷公將軍在午遊庚領十二月將及風伯雨師其所在之處羣居嚮應而到若出軍布陣立營則雷之所處慎不可犯之主敗軍殺將也甲子旬六庚在午甲戌旬六庚在辰甲申旬六庚在寅甲午旬六庚在子甲辰旬六庚在戌甲寅旬六庚在申

十二將第一百二十六

用起天一以將兵大捷（一作樓）闢地千里敵畏服用起六合以將兵主得子女玉帛用起青龍以將兵大勝得敵之邦國府庫用起大陰以將兵士卒怯怖用起天后以將兵不戰自敗用起大常以將兵無功用起騰

蛇以將兵士卒驚駭上下相尅多傷用起朱雀以將兵士卒驚恐或妄作口舌用起勾陳以將兵士卒敗車馬折傷用起玄武以將兵軍多亡遁戰不利用起白虎以將兵師敗無救援用起天空以將兵士卒死亡爲敵所欺詐說曰天一者人皇之靈也上潛精而爲星在紫微宮下遊十二次則居己丑主慶賀事治大吉小吉臨甲乙寅卯假令天一治大吉小吉而臨甲乙寅卯是也餘皆例此凶神將騰蛇者飄風之精也居大陽之丁巳雷公六律曰天一奉車都尉凶神也一作而大小殺並主憂驚朱雀者一作星月之精也居大陰

之丙午雷公六律曰天一羽林下爲霹靂凶將也主
刑戮口舌六合者大陰之精也居少陽之乙卯吉將
也雷公六律曰天乙光祿大夫主和合吉事勾陳者
雷電之精也居大陽戊辰雷公六律曰天一大將軍
也凶將也主戰鬬多傷敗青龍者大陽之精也居少
陽之甲寅雷公六律曰天一左丞相吉將也主喜慶
事天后者水之精也居大陽之癸亥雷公六律曰天
一綵女也吉將也主獘匿事大陰者金之精也居少
陽之辛酉雷公六律曰天一御史中丞吉將也主陰
私事也玄武者北方七星之精也居少陰之壬子雷

公六律日天一之後將也凶將也主逃亡離別盜賊若與風伯雨師二神并必有盜賊大常者土之精也居少陰之巳未雷公六律日天一大常卿吉將也主財帛白虎者西方七星之精也居少陰之庚申雷公六律日天一逆尉也凶將也主囚禁骸骨天空者斗魁之精也居少陰之戊戌雷公六律日天一宜師（一作遣）凶將也主欺詐事

三九第一百二十七

一九命榮衰安怨成壞（一作敗）友親二九業榮衰安（一作敗）友親三九貽榮衰安怨成敗（一作敗）友親大將軍將有事郎

預揆已所生之日以月將推之爲命宿（一室二奎三胃四壁五參六鬼七張八角九亢十心十一牛十二虛）第一命宿次榮衰安怨成壞友親之類一九之法次以業宿爲准前三九周二十七宿而推之（假令大將生于五月五日胃宿爲第一命宿三昴爲榮三畢爲衰四觜爲安五參爲怨六井爲成七鬼爲壞八柳爲友九星爲親次爲一九之法十張爲業宿後起之爲首餘皆以類推之然於三九他皆倣此也）設或值命業宿值日宜舉號命（一作令）數習士馬建立營寨吉營宿值（一作吉）日攻之取戰吉衰宿值日所作凶安宿值日移兵遷寨吉餘凶怨宿值日惟利結交於諸侯及延納賓客餘凶成宿值日設權詐及禳厭吉壞宿值日宜大舉師旅討伐　逆及鎮厭咒

咀皆吉友宿及親宿値日備藥餌治軍病犒勞宴賞此三九之用也苟欲求其値日之法卽以二十八宿本値之日配於大將軍命業胎宿之次以定吉凶之後以七元甲子起之第一虛宿値大陽受日（房星昴値示大陽受日他皆做此）是謂天元甲子第二奎宿値木星受日（斗角井所値同）是謂地元甲子第三畢宿値大陰受日（危心張所値同）是謂人元甲子第四鬼宿値金星受日（牛亢婁所値同）是謂鬼元甲子第五翼宿値火星受日（尾觜室所値同）是謂江元甲子第六氐宿値土星受日（女宿柳胃所値同）是謂河元甲子第七箕宿値水星受日（軫參畢壁所値同）是謂海元甲子

以二十八宿所值之內足以見九宿之日假令三月一日爲五元甲子卽翼宿值火星受日二日乙丑軫宿值水星受日三日丙寅卽角宿值本星受日以類次之凡七元起於天元終於海元周而復始苟欲知其七元甲子之資次當以長歷推之凡見所值之宿可以配於三九也行師者能以三九用日五行用時孤虛用地雲氣星辰用天沉機用人未有不建拔世之功者也

虎鈐經卷之十二

六壬傳課第一百二十八

凡用六壬若占利害之時先以月將加正時假令正月占以正月合神登明為月將卯時占以登明加卯地皆倣此若占今日今時而行四課之法何謂四課假令今甲子元視甲上所見神為第一課號曰日之陽次視

神本位上所見之神爲第二課號曰日之陰次視子上所見之神爲第三課號曰辰之陽次視此神本位上所見之神爲第四課號曰辰之陰此謂四課四課既畢見有相克取以發課故金匱經曰用兵當知刑克之忌也猶克凡四課之內上克下者正月甲子日寅時用勝光是也又有下克上者二月丁巳日午時用從魁是也兩俱克者皆下以克上爲用上以克下爲體也下克上者用兵之象憂深上克下者憂淺自兩上克下以此爲用三月庚午日河魁是也自有俱比以淺害深者爲用四月戊辰日丑時勝光是也自有

涉害俱深以先見者爲用五月巳酉日戌時用勝光是也自有上下俱不相克以遙相克爲用也金匱經曰交俱不入當獨立此謂遙見相克也假令正月甲辰日寅時卽以正月合神登明加甲上甲日見登明水木不相克辰上見大吉二克不相克登明本位亥上見傳送是金遙見甲木卽以傳送此謂遙見克他皆倣此自有俱遙見克者以比者爲用自有俱比以遙先見用自有日遙相克神神克日兩俱見以神克時日爲用無神克者乃用日克神爲用自有兩遙克日亦以比爲用自有俱比以此先見者爲用先見爲

先後辰課四課者自有無遙相克者當以仰伏視之此法爲用何謂仰伏覩之說者曰西方白虎宿有昴星主天獄也剛日當從地下星仰望天上隨所見神仍以爲用柔日當從天上昴星伏視地下所見辰以此神本位爲用假令仰見大吉卽以大吉爲用假令伏視地下見午以天上勝光他皆倣此所謂仰伏覩爲用也昴星不可全信以日辰上審之剛日中傳辰後傳日柔日中傳後日傳辰自有入傳曰唯有兩課見有相克亦涉害深爲用無克日剛日從日上陽神順數柔日從辰上陰神逆數皆及三神爲用何謂八

尋甲寅庚申已未丁朱癸丑辰同也假令正月甲寅日寅時以月將加時申上寅上見登明此謂地上二神也共見天下一神假令正月甲寅日卯時以月將加卯上寅上共見河魁此謂一神臨二神河魁本位上見勝光不相克即以河魁爲用無相克乃用逆之之數焉順數法假令正月庚申日戌時庚與申共見從克從河魁本位上見河魁皆不相克庚剛日當從庚申上起從魁順數之及三神到戌上登明即以徵明爲用也逆數法假令正月巳未日戌時以月將加戌巳未共見傳送傳送本位申上起河魁皆不相克

柔日當從傳送傳送本位申上起從魁爲始逆數到午上得小吉爲用自有伏吟時剛日用日上神柔日用辰上神皆前刑而後克前破而後衝以爲三傳金匱經曰剛以日柔以辰不共言無相克也剛日起日上神柔日以辰上神爲用凡伏吟皆前刑後克前破後衝何謂刑用寅刑巳用子刑卯之屬也何謂破午無刑破子就卯亥無刑破寅刑申之屬也辰無刑破丑酉無刑破子是也自有反吟時剛日以日一作月衝爲用柔日以辰衝爲用皆載衝而後刑爲三傳何謂四衝假令甲子日甲衝辛辛上見天罡以爲用天罡而

又反衝河魁此爲戰衝然後刑未何謂辰衝假令乙丑日丑衝丙丙上見登明爲用用登明而後破功曹又辰衝大乙此謂再衝然後刑申一云反吸猶有課課發卦而後前衝後刑玉歷詳之凡加臨四課式反伏二吟皆須知發課之神卽三傳也何謂三傳假令小吉臨寅爲用卽小吉爲第一傳小吉本位見神后神后卽第二傳神后本位見太乙太乙卽爲第三傳所以三者象三正四者象四時能於傳課以求相克之神斯足以見用兵之利害矣集（一作利）靈經曰用式之時朝向南暮向北避歲月二建說曰甲乙日日入時

丙丁日夜半時戊己日平日時庚申日巳時壬癸日晡時已上不可占也一云正月五月九月卯二月六月十月子三月七月十一月酉四月八月十二月丑已上以天罡加之增減式法

遁甲遊都第一百二十九

璧玉經曰玄女言寧可與人妻奴不可示人遊都欲知敵人必決遊都之法甲己日大吉乙庚日神后丙辛日功曹丁壬日太乙戊癸日傳送皆以月將加時聞賊時遊都加日辰敵即到臨一辰一日到臨二辰後二日到臨三辰已過矣勿遊都旺相克日辰凶益

甚囚死不克日辰無以患說者曰吏神姦神一名遊都吏在天一前姦在天一後姦在後加日辰在我家年止謀我身又說曰以吏爲遊都以賊爲虜都其法同加日皆不可出軍也甲己之日吏神申賊神寅乙庚之日吏神子賊神午丙辛之日吏神寅賊神申（一作巳）盜神亥丁壬之日吏神巳盜神申賊神亥戊癸之日吏神申盜神巳賊神寅說曰申子辰功曹爲天賊亥卯未太乙爲天賊巳酉丑登明爲天賊寅午戌傳送爲天賊說曰遊都將者總護天賊天殺諸將若加臨辰則立到臨好鄉則不戰有降兵卒臨所畏大戰父

子不相親中外不相信臨東方兵凶西方兵威不可加西方利臨勸兵賜將士加北方利禦敵凡爲將皆須知是遊都將不能知是者與士伍同耳若欲都將之術甲己之日大吉乙庚之日神后丙辛之日功曹丁壬之日大乙戊癸之日傳送說曰都將凡臨日辰而相克者賊來疾速加季刺史亦爲來(一作求)四孟神不來(一作求)若在天一在一辰一日來(一作求)二辰二日來(一作求)三辰三日來(一作求)四辰無賊來後三辰爲過去凡三都將所臨賊在其下說曰欲知賊消息往天耳聽之天耳者大吉小吉是也說曰正時占大白入熒惑賊來熒

惑入大白賊不來丙丁爲熒惑庚辛一作申爲大白說曰
天一加日今到天罡小吉太乙神后加日辰敵來至
急又曰天罡加孟言虛加仲賊來至半道加季卽到
說曰已在前賊不知處者正時天目所臨賊在其下
矣天目者春氐氐乙下夏柳柳午下秋胃胃辛下冬
女女癸下一說神后爲玄武加日時敵急到說曰霄
聞敵三刑加日辰到急三刑者天罡大衡太乙也又
占敵以明將加時天罡或如房屋或臨日辰不可出
軍當逢剽掠說曰白虎勾陳加到已地聞應有已卽
爲盜或甲日必有敵揚兵見血螣蛇朱雀但驚恐耳

傳送加孟敵肇發加仲半道加季即到說曰占聞前後有奸賊欲知何所在者以月將加時看大吉大吉加子午賊在大衝下加丑未在太乙下加寅申在傳送下加卯酉在從魁下加辰戌在登明下加巳亥在大吉下勿避此等必有傷害聞有賊用月將加時便看大吉前在也正時大衝神后太乙加日賊在前加辰賊在後說曰甲巳之日子爲吏亥爲賊乙庚之日亥爲吏酉爲賊丙辛之日寅爲吏巳爲賊丁壬之日巳爲吏申爲賊戊癸之日申爲吏卯爲賊占賊有氣其賊必來占死氣賊不到又此時言吉凶以意消息

之可也

五行勝負第一百三十

五行者順行五所值之時日以定主客之利害也金日金時無所害也行師不遇敵旗色上白報兵馬事來（一作求）虛聲也金日水時若值申子辰之日忌之日辰時當避之行師不遇敵旗色上黑報兵事事來則不到見賊亦無戰自相休解金日火時若寅午戌日忌寅午戌時避之行師宜客爲我利乘敵未動亟引兵擊之旗色上赤若敵先來攻我不與戰報兵馬事凶急備之金日木時宜主我不可往旗色上白敵來堅

陣待之與戰必勝報兵馬事大吉金日土時不遇敵
亦無戰陣旗色上黃報兵馬事來勿憂若值子日子
時避之火日火時無所害也不遇敵過亦不戰旗色
上赤報兵馬事來虛聲也火日水時宜客報兵馬事
凶急避之見敵若未動則我先引兵赴戰并力擊之
旗色上黑若敵先來攻我我則堅壁固守不可應之
火日金時宜主不利往敵來攻我我舉赤旗反往擊
之必勝矣火日土時亾所害也見敵亦無戰旗色上
黃報兵馬事來虛聲也火日木時亦相生不相克也
更觀時之衰如何宜主敵來攻我則舉赤旗擊之報

兵馬事一作來木日水時亾所害也不宜動作事多不就
亦無戰陣報兵馬事虛聲木日火時宜客利速引兵
赴敵旗色上赤一作黑若敵先來不可應戰報兵馬事凶
亦觀時之衰旺如何值巳酉丑日當忌巳酉丑時避
之木日金時宜客利我速引兵擊之旗色上白若敵
先來攻利固守勿與戰木日水時不遇敵遇亦自退
旗色上黑報兵馬事來虛聲也木日土時亦主若敵
來攻舉青旗擊之報兵馬事凶一作吉水日水時無所害
也不遇亦自散旗色上黑報兵馬事來虛聲也水日
火時宜主慎勿先動若敵先來攻當舉黑旗放兵大

擊之報兵馬事大吉水日金時見敵不與害旗色上
日報兵馬事虛聲也水日木時旗色上青報兵馬事
虛聲也水日土時不可動衆報兵馬事安靜勿憂夫
土能克水水又能決水也更審時之衰旺如何若敵
來乘土土旺勿與戰土衰則又舉黑旗擊之土日土
時無所害也不可動衆旗色上黃報兵馬事虛聲也
土日木時宜客利敵先動而擊之旗色上青若敵固
守勿與戰報兵馬事凶土日金時不遇敵遇亦無害
報兵馬事虛聲也土日火時主不可動敵來攻勿與
戰戰者少衰報兵馬事來小有焚燒驚恐上日水時

先觀時之衰旺何如然後動靜焉土旺宜主水旺宜
客敵來氣生勿與戰衰則擊之報兵馬事㐫甲子甲
午金日甲子乙丑金時丙寅丁卯火時戊辰己巳木
時庚午辛未土時壬申癸酉金時甲戌乙亥火時乙
丑乙未金日丙子丁丑水時戊寅己卯土時庚辰辛
巳金時壬午癸未木時甲申乙酉水時丙戌丁亥土
時丙寅丙申火日戊子己丑火時庚寅辛卯木時壬
辰癸巳水時甲午乙未金時丙申丁酉火時戊戌己
亥木時丁卯丁酉火日庚子辛丑土時壬寅癸卯金
時甲辰乙巳火時丙午丁未水時戊申己酉土時庚

戌辛亥金時戊辰戊戌木日壬子癸丑木時甲寅乙卯水時丙辰丁巳土時戊午己未火時庚申辛酉木時壬戌癸亥水時己巳己亥木日甲子乙丑金時丙寅丁卯火時戊辰己巳木時庚午辛未土時壬申癸酉金時甲戌乙亥火時庚午庚子土日丙子丁丑水時戊寅己卯土時庚辰辛巳金時壬午癸未木時甲申乙酉水時丙戌丁亥土時辛丑辛未土日戊子己丑火時庚寅辛卯木時壬辰癸巳水時甲午乙未金時丙申丁酉火時戊戌己亥木時壬寅壬申金日庚子辛丑土時壬寅癸卯金時甲辰乙巳火時丙午丁

木水時戊申巳酉土時庚戌辛亥金時癸酉癸卯金
日壬子癸丑木時甲寅乙卯水時丙辰丁巳土時戊
午巳未火時庚申辛酉木時壬戌癸亥水時甲戌甲
辰火日甲子乙丑金時丙寅丁卯火時戊辰巳巳木
時庚午辛未土時壬申癸酉金時甲戌乙亥火時乙
亥乙巳火日丙子丁丑水時戊寅巳卯土時庚辰辛
巳金時壬午癸未木時甲申乙酉水時丙戌丁亥土
時丙子丙午水日戊子巳丑火時庚寅辛卯木時壬
辰癸巳水時甲午乙未金時丙申丁酉火時戊戌巳
亥木時丁未丁丑水日庚子辛丑土時壬寅癸卯金

時甲辰乙巳火時丙午丁未水時戊申己酉土時庚
戌辛亥金時戊寅戊申土日壬子癸丑木時甲寅乙
卯水時丙辰丁巳土時戊午己未火時庚申辛酉木
時壬戌癸亥水時己卯己酉土日甲子乙丑金時丙
寅丁卯火時戊辰己巳木時庚午辛未土時壬申癸
酉金時甲戌乙亥火時庚辰庚戌金日丙子丁丑水
時戊寅己卯土時庚辰辛巳金時壬午癸未木時甲
申乙酉水時丙戌丁亥土時辛巳辛亥金日戊子己
丑火時庚寅辛卯木時壬辰癸巳水時甲午乙未金
時丙申丁酉火時戊戌己亥木時壬午壬子木日庚

子辛丑土時壬寅癸卯金時甲辰乙巳火時丙午丁
未水時戊申巳酉土時庚戌辛亥金時癸未癸丑木
日壬子癸丑木時甲寅乙卯水時丙辰丁巳土時戊
午癸未火時庚申辛酉木時壬戌癸亥水時甲申甲
寅水日甲子乙丑金時丙寅丁卯火時戊辰巳巳木
時庚午辛未土時壬申癸酉金時甲戌乙亥火時乙
酉乙卯水日丙子丁丑水時戊寅巳卯土時庚辰辛
巳金時壬午癸未木時甲申乙酉水時丙戌丁亥土
時丙戌丁亥土日戊子巳丑火時庚寅辛卯木時壬
辰癸巳水時甲午乙未金時丙申丁酉火時戊戌巳

亥木時丁亥丁巳土日庚子辛丑土時壬寅癸卯金
時甲辰乙巳火時丙午丁未水時戊申己酉土時庚
戌辛亥金時戊子戊午火日壬子癸丑木時甲寅乙
卯水時丙辰丁巳土時戊午己未火時庚申辛酉木
時壬戌癸亥水時己丑己未火日甲子乙丑金時丙
寅丁卯火時戊辰己巳木時庚午辛未土時壬申癸
酉金時甲戌乙亥火時庚寅庚申木日丙子丁丑水
時戊寅己卯土時庚辰辛巳金時壬午癸未木時甲
申乙酉水時丙戌丁亥土時辛卯辛酉木日戊子己
丑火時庚寅辛卯木時壬辰癸巳水時甲午乙未金

時丙申丁酉火時戊戌己亥木時壬辰壬戌水日庚子辛丑土時壬寅癸卯金時甲辰乙巳火時丙午丁未水時戊申己酉土時庚戌辛亥金時癸巳癸亥水日壬子癸丑木時甲寅乙卯木時丙辰丁巳土時戊午己未火時庚申辛酉木時壬戌癸亥水時

戰位第一百三十一

龍首經曰將欲出兵初以木日聞事謂四方舉兵及讐怨皆是不利我欲攻之日必以火日火時行火日出出必火門此謂父母與子除害子謂父母報讐故以火日火時出行火門慎勿出金門勿合金神加年

上謂大將年也吉金木也假令三月甲子從魁加戌聞驚事甲木日也到其行時以丙丁日己午時往爲火時出勝光太乙火門也太乙又火時也假令大將年加本傳送加之爲（一作如）金神克其年也酉南抵申又況從魁加之爲出金門也則運不可金大凶太乙勝光加人年上吉也龍首經曰諸欲（一作求）陳兵必伺（一作同）向白虎六甲爲青龍六丙爲朱雀六戊爲勾陳六庚爲白虎六癸爲玄武假令甲子旬青龍在子朱雀在寅勾陳在辰白虎在午玄武在酉大將處青龍執法行刑抵朱雀將往來抵勾陳以白虎加敵人伏勾陳抵玄武

他皆倣此白虎不以克大將軍年上之神假令大將年立從魁傳送加之而甲子旬白虎在勝光此克年上之神也奎婁向在角亢向右北斗向抑張權衡而從斗魁陰攻陽以河魁到大衝陰也以天罡到從魁陽也大吉攻小吉是其當日加四仲以陽攻陰往攻大吉是逆兵也又不令青抵白甲乙不可酉行向攻喪也黑不可抵黄言壬癸不可向四季鄉可向羅攻他皆倣此又言春庚辛不可向南攻戰也春戊已不可東攻也立今日之神起其後攻其前面甲寅日後二在子也又言天乙吉將加所攻之處也今年上神

往制所攻之神及其上神即擒敵矣又不可攻有氣之神後自爲患子攻父母大逆天道威不能彊必主折兵自傷甲乙日北向攻焉父母也逆天之理兵不成威將受戮南攻者攻其類衆人莫貴還受其屈西南攻者其不勝是自窮東南攻者此謂自攻也攻四維攻其所勝大吉有福他皆倣此首察於死生之理謂神之後二通神又重之以天乙之道謂六壬癸之吉將也故曰通於三天者順斗行一也攻所勝二也其後二之辰攻其前面三也十二月甲子將加壬從戊攻辰是後二也大將年五十五卯功曹臨之甲子

句白虎在勝光不與將年上神相克也東西攻辰地攻所勝也又有四將勾陳攻所勝之辰年上之神勾陳神皆制所攻之鄉若上之辰克下辰是謂敵降此又背胃昴攻房心隨斗擊乃行政一當百矣諸欲戰鬭者必以先為客後為主人先起者令下克上後起者無令上賊下謂勾陳所臨之辰也若辰勝將則主人勝客將勝辰則客勝主人反此兵雖强上將必不勇也

八宮第一百三十二

八宮之地結陣立營必居一焉以順陰陽動靜之用

師之屯致於東方東方震宮也震之象一陽在內而二陰在外陽為主將之位也牙帳深軍中利作樂利先震其威聲大將不可使敵見其刑爵一作雀殺罰以甲乙日祭青旗合戰之時大將不可暴露於外師之屯致東南方東南巽宮之象一陰在內二陽在外也以陰為主將之位牙帳宜深大將宜一作利先宣明號令慎其聲聞以直以正自近反遠主將深隱令出必行師之屯致於南方離宮也離宮之象一陰得中二陽在外以陽為主將之位牙帳宜居中大將利外嚴威號令不可與人狎使人望而畏之內則虛以待賢者利

多禮明親爲務以丙丁日祭赤旗出戰利處中不宜深隱亦宜顯揚使師之屯致西南坤宮也坤之象三位皆陰也牙帳利於西南戰將宜嚴厚寬順以色容善馭爲務動不妄順則吉以戊巳日祭黃旗出戰及在營不利暴露於外師之屯致西方兌宮也兌之象一陰在外二陽在內以陰爲主將之位也牙帳宜近外大將宜剛嚴肅政多所決罰制斷以順布澤以庚辛日祭白旗出戰宜近外按部伍不宜深隱師之屯致西北方乾宮也乾之象三位皆陽也牙帳利不常立其地大將宜剛正圓轉任其智慮應變不窮出戰

之時不可使人知處麾軍運動左右順用之師屯致於北方坎宮也坎之象二陰在外一陽居中主將之位也牙帳利得中大將宜柔容貌以禮接賓客中多剛斷運動不惑以壬癸日祭黑旗出戰之時利居中不利暴路於外亦不利深匿一作隱師之屯致於東北方艮宮也艮之象一陽居外二陰在內也陽爲主將之位也牙帳利近外大將宜愼重敦厚遊言勿聽敵言勿驚擾妄動出戰之時利近外指揮吏士如是者居其方而順性者善也動靜與天地鬼神合加之以不私於心斯謂之善矣

虎鈐經卷之十二終

虎鈐經卷之十三

占相兵臨利害第一百三十三

金匱經曰戰不戰視勾陳勾陳克日則戰與刑克必戰甲子日刑在東方傳送與從魁爲勾陳臨甲又相克必戰鬬勾陳上下相克亦鬬又曰軍出時大吉小吉臨日辰兩解不戰他皆倣此神皆合戰又說曰斗加孟神在內宜止加仲神在門兩相傷加季神在外宜出戰必大勝

占兵已交勝負第一百三十四

金匱經曰敗不敗視六害說者曰酉戌相害子未相害午丑相害巳寅相害辰卯相害假令本命在子而

小吉爲白虎加之此爲見六害以此將兵今日戰將能此者可校之戰矣龍首經曰先起爲客後起爲主先起不可下克上後起不可上克下謂初辰(一作陣)也辰勝神將主人勝神將勝辰客勝說曰(一作假令)三傳終始見前三五後二四(一作之)有氣天一之神臨主帥行年本命或用起天一而治(一作宜)有氣之鄉玄武(一作都)立四死之地剋戰勝矣君玄武臨日辰而遙光時勿戰必不利矣用戰起雄吉春寅夏巳秋申冬亥用戰起雌酉春申夏亥秋寅冬巳一云都將旺相而臨死賊勝都將囚死而臨旺相討賊者勝審察之說曰決勝敗者勾陳

克都將官軍勝都將克勾陳賊軍勝都將三相加臨囚死亦賊勝說曰將軍年克勾陳白虎大勝不勝者勾陳克玄武以攻之必克說曰將勾陳所軍神往攻所制之神勝所攻之勝神與勾陳并氣自下制其所臨之辰是爲敵降必有大攻說曰初起者欲勾陳下克上後起者欲勾陳上克下辰勝將將勝神主人勝神克將將克辰客人勝干克支客勝支克干主人勝

占伏兵第一百三十五

卯子甲巳臨日辰必有伏兵此神旺相與殺并太凶心血戰伏兵發必不與殺并伏兵不敢發也說曰以

闘事時斗加季有伏兵說曰干傷者有伏兵支傷者無伏兵支干俱傷必有伏兵戰必不勝大凶

占疑左右近地伏兵第一百三十六

若疑賊有伏兵在左右近地欲知所在者於斗下求之說曰大吉過日辰賊已出界不過未出界

占偷城及擄掠第一百三十七

說曰以月將加時勝光玄武不可行襲人城壘擄掠之事以玄武所畏爲厄會木神爲玄武則庚申辛酉勿須行

占疑有人謀已第一百三十八

正時說曰日上神爲巳身辰上神爲他人日上克辰上神有怨恨又言辰上克日上神將見騰蛇白虎魁罡或在辰上見者事成非辰上見者不成但有意說曰欲知他人有所謀假令七月時加寅七月甲死於申今復遇庚庚生（一作壬）金逢一死木是二人欲殺一人他皆倣此

占災危第一百三十九

吉辰與貴將并臨日辰及行年勾陳制所欲出之辰之用起陰傳出陽者可出必克免難金匱經曰傷不傷觀陰陽說曰今日是乙丑加一爲不傷將得天后

爲重不傷若神后加丑從（一作可）魁加一爲傷人爲前二重傷皆凶也

占野地立營正宿第一百四十

金匱經曰怖不怖視五墓怖懼墓加日辰亦不寧說曰聞有敵兵士卒行疲日晚欲停此宿運式占之遇三刑加日辰必不可停敵欲來攻三刑者卯辰巳也說曰降宮時宜正明勿留也巳上宿未定而心動眼瞤若吏士虛驚者以月建此三字往一云將加時魁罡加日辰急去之夜必有賊來攻一云大吉日急去不可止一云辰上見大衝有風雨見神后太乙有盜

賊說曰絳宮時宿利在中欲明時利在前玉堂時利在後也一云大吉干日急去不可宿說曰辰巳見卯夜有風雨子巳加卯有盜賊帶旺相氣卽來帶囚死氣卽不來說曰安營止宿以月將加時魁罡加日運氣驚騰蛇白虎臨日辰軍載驚一去魁罡加日大將

占渡關梁探賊第一百四十一

金匱經曰凶不凶視破衝說曰行年在歲月日時破衝下皆凶也日辰上神上相生宜進反此宜止說曰命在一處日辰上罡光明急去勿住也說曰聞此賊

干傷或支傷勿度或吉度支干俱吉說曰欲入賊營覘二門天罡六合大常大衝勝光臨之可行若出入見勾陳朱雀騰蛇白虎勿行必爲賊所擒

虎鈐經卷之十三終

虎鈐經卷之十四

占星統論第一百四十二

臣謹按星經及諸傳記凡諸星宿中外羅列周天蓋隱見變化下應人事七曜往來以爲經緯災變之作實在於茲凡爲大將不可不詳察星位以括休咎焉或與受命之術或起敗亾之兆鮮不由此矣中宮大

極其一明者大乙常居也旁三星曰三公或曰子屬後四星末作末大星曰正妃餘三星後宮之屬也環之十二星藩臣也皆曰紫宮前列直斗口三星隨此一作北耑銳徵日陰陽或曰天一紫宮左三星天槍右三星天棓後十七星絕漢抵營室曰閣一作闒道北斗七星所謂璇璣玉衡以齊七政杓攜龍角杓斗柄也龍骨東方也攜也連也衡中南北魁杭參首用昏建者杓杓自華蓋以西北斗第七星法太白主杓者十之尾為陰又其用昏之陰住在西方故主西南也夜半建者衡衡正中州河濟之間假令杓昏建寅衡夜半亦建寅也平旦建者魁魁海岱以東北也斗魁第一星法為一作於日主齊魁斗之首首陽也其用在明陽焉

明德在東方故斗爲帝車運於中央臨利（一作制）四海（一作極）
主東北方也
分陰分陽建四時均五行移（一作利）節度定諸紀（一作紹）皆學
於斗斗魁載筐六星曰文昌一曰上將二曰次將三
曰實相四曰司命五曰司祿六曰司災在魁中貴人
之牢（魁中四理曰天理四星在斗魁中貴人牢曰天理）魁斗六星兩兩而北
者曰三台三台色齊君臣和不齊爲乖戾輔星明近
主輔臣親强暗小主疏弱杓端有兩星一內爲矛招
搖（近北斗者天子星也招搖近河三星天矛天鋒大楯招搖一星也）一外爲楯天鋒
（遠北斗也在招搖第一星也名曰天鋒）有勾圜（一作圖）十五星曰賊人之牢
牢中星實則囚多虛則開出也若夫天一天槍天矛

天楯動搖其亡角則天下之兵戈大起也東宮蒼龍房心謂房心載角曳尾若龍也爲明堂大星天王前後星子屬不欲直直王失計房爲天府曰天駟其陰右驂旁二星旁一作房鈐鈐北斗星曰牽牛東北曲十二星曰旗旗中四星曰天市天市中星衆者曰實虛則耗房南衆星曰綺官左角理一作李右角將大角天王帝座建其兩旁各有三星鼎足勾之曰攝提者直斗柄以指以建時節故曰攝提格亢者爲首宗廟宗族其南北兩大星曰南門氐爲天根主疫厄一作尾爲九子曰君臣斥絕不知箕爲傲客後妃之府曰口舌火犯守角則有陣

戰犯房心王者惡之南官朱雀權衡軒轅爲權大微
爲衡衡大微三光之庭衛十二星藩臣西將東相南
西四星曰執法中端門左右掖門內六星諸侯其內
五星五帝座後聚一十五星曰哀烏郎位旁一大星
將位也五星順入軌道司其出所守天子被誅也其
逆入若不順執道以所犯之名中座成刑中座者犯
帝者也成刑者成禍福之刑也羣下不從謀也金大
尤甚廷藩西有隨星四曰少微士大夫權軒轅黃龍
體如騰蛇也前大星女主象旁小者星御者後宮屬
月五星犯者如衡占東井爲水事大入之一星居其

左右天子但以火為敗東井曲星曰戉北北河南南
河兩河天關間為關梁輿鬼則鬼祠事中白者為質
輿鬼五星中白者為質火守南北河者兵起之象也
穀不登故德成衡觀成潢日月五星不軌道也衡大
微廷也觀占也潢五潢帝居車合也傷成戉賊傷之
先占成刑於戉也誅成成質熒惑入輿鬼天質者占曰
大臣有誅也禍柳井東方水事火入一星居其旁天
子但以大敗故曰禍成為鳥啄主草木七星順為圜
營主急事張嗉為廚主觴客翼為羽翮主遠客都為
車主風其旁有一星曰長少昱昱不欲明明與四星

等若五星入軫兵大起也軫南衆星曰火庫庫有五車車星角有若益衆及不具亾處車馬西宮咸池天五潢車舍火入旱五帝金入兵起水汸水中有二柱柱不俱者兵起奎白封豨爲溝瀆婁爲聚衆胃爲天倉其南衆星曰廥積昴曰旄頭胡星也爲白衣會畢曰罕車爲邊兵主弋獵其大星旁曰小星附耳搖動有讒亂之臣在側畢昴爲天街其陰陰國其陽陽國陰胡也陽中也參白虎也三星眞者是爲衡石參三星白虎宿中東西直有以稱衡也下有三星銳曰罰在參間之星也上小下大故曰銳銳曰罰三小星針列死銳形爲斬艾

事其外四星左右有設（一作暇）也小三星隔置曰觜觿為虎有保旅事（保守也旅軍衆言佐參伐芟除凶慝也）其南有四星曰天廁廁下一星曰天矢矢黃則吉白及青則凶其西有勾曲九星三處羅列一曰天旗二曰天苑三曰九游其東有一大星曰狼狼角變色則多盜賊下有四星曰弧直狼北地有大星曰南極老人星見則有天下治平不見兵起常以秋分候之南郊附耳星入壁中天下兵起北宮玄武虛危為蓋屋（危上一星高房二下似蓋屋也）虛為哭泣之事東（一作其）南有衆星曰羽林之軍（虛危一伯營室陰陽始終如為之處際會之間常多間邪故設羽林為兵衛）天軍之西曰壘或曰鉞

旁一大星曰北落若微天(一作亡)軍星動角益稀及五星犯北落入天庫(一作軍)兵火起火金水犯之尤甚火犯多憂兵事水犯憂水患木土犯之軍吉危東六星兩兩而北曰司寇(一作空)營室爲宗(一作淸)廟四(一作曰)離宮閣(一作閤)道漢中四星曰天駟旁一星曰王良策馬車騎滿野旁有八星絕漢曰天潢星旁江星動人涉水杵臼四星在危南若匏瓜有青黑守之魚鹽南斗爲廟其北建星建星者旗也牽牛爲犧牲其北河鼓河鼓大星爲上將左右者爲左右將婺女其北爲織女織女者天孫也是以聖人以春秋二百四十二年之間日食三十

六彗星三見夜明常星不書也見夜中星殞如雨皆
書之當時禍亂飄應上下交怨諸侯犇走戰代並興
一作與不保其社稷者不可勝數是知玄象示變吉凶之
徵也凡為將者不可不詳之也

日第一百四十三

無雲而日色昏晦者主將不明也或日月陰沉無光
不雨或十晝夜不見日月者日蒙此時不可妄遣兵
於人大將不患之象也日色青軍令削弱吏上多淩
正也或日邊雲氣文成五色者破軍殺將之象也其
大禍在二年之內或赤雲截日如杵形者兵將大裁

血氣先動者敗或日月旁有物如枯樹起兵者勝或雲氣如青衣人無手在日西三者所見之軍當有帝王此勝侯也兩軍相當日暈等者力均若曰殺將抱而日抱且戴者有喜圍在於中者內兵勝圍在於外者外兵勝日弭(一作珥)拜大將右兵在野日有足白者所臨破軍殺將有背氣青赤色曲而向外者為背叛之象也其將有二心日背有缺氣被直向外如山字者兩軍相當所臨者敗軍兩相當日有冠纓者和解抱戴(一作載)大喜日外青內赤則兩軍以和相去日外赤內青則兩軍以惡相去日之氣暈先至而後去居軍勝

若先至先去前有利後有病後至後去前病後利先去前後皆病軍不勝見而去其後發病小勝必亾功見半日上有功暈（一作而）缺兩軍相當缺擊之缺方敗抱暈者隨抱暈克日背暈而珥外軍凶暈有眞氣在外者所臨克日月背暈兵陣不合七月日暈不解者不可起軍暈而背抱珥及値而實之者順從擊之克暈而兩珥一在外一在內并有聚雲不出三日兩軍和解之又有他軍圍城凡有日暈制勝近期三十日遠期六十日日下有雲氣如龍形蜿蜒者凶日鬬將大血戰之下亂日失行凶日月楊光東輸日五色當之

大吉利日無光而赤暈主將憂黑暈敗白暈驚子日日食兵起魏分丑日日食兵起趙分忌六月十二月兵動寅日日食兵起燕分忌正月七月卯日日食兵起會分忌二月八月辰日日食兵起楚分忌三月九月己日日食兵起宋分忌四月十月午日日食兵起韓分忌正月七月未日日食兵起齊分忌六月十二月申日日食兵起魏分其禍最深忌五月十一月酉日日食兵起鄭分忌二月八月戌日日食兵起宋分忌正月七月亥日日食兵起秦分忌四月十月夫日食之食向上者不出九十日征伐日食從下向者百

姓更有侵奪日從旁食者兵動隣國

月第一百四十四

黃虹貫月者兵起月旁氣漸漸大者不可攻城所陣宜屯兵以自守敵來勿與戰月旁氣細細從外侵輪但攻城小戰勝月旁氣遠之不得攻城切宜堅自守備或氣繞月而光明者主人吉但守勿憂外賊或星在月背城中兵欲敗走星在月角軍內有智謀之士勿輕敵月之下角有星敵人潛入我軍宜精守四門詳別詐偽或三星上下在月之上下角及在月背用兵不利攻城不拔或三星俱在月背攻戰（一作城）皆不利

軍中亦有失叛之事宜精慎明察恤撫三軍或三星俱在月上者攻戰不利或三星俱在月形中敵中兵亂三日內降（月形中者謂彎月之虛氣也）三星俱在月中敵中當有詐降大造戰具欲乘間大戰月入大微出北座若犯北座則下謀上用出房戶北爲兵亂出房戶南爲兵敗喪月暈七重在參畢之間兵大成辰星在翼月犯之大將死太白入月胡兵退月暈光起兵者勝抱截（一作負戴）赤色在外外克在內內克月暈之時歲星鎮星色暗則主克若明勝月暈太白色暗不勝色明克勝月起房箕大風起暈於參畢大兵起軍出之時卯蝕

即凶大星入月色暗惡客敗色明客勝月暈赤色客勝月垂四珥敵來攻月帶四彗而出密備奸人謀主將不忠兵大起月在天獄中吏士多犯禁星貫月中主將多淫亂之事亦防奸人亂軍兩月相重吏士爭亂（爭一作大）日月並見將弱士彊月食謀者不明入井中者兵起月逼近大微者大臣謀亂月臨天獄者從四邊周回食向心者大亂食於八月九月者敵兵盛（作勝）苟欲詳日月星辰之變當以二十八宿之分野驗之則知在於彼我矣

雜星第一百四十五

福慶之星其化者何積天地淳一作純粹之精氣也精氣動而化之也飛流之星其化者何五星之精氣也五星有變則精氣散而爲妖星是故漢書曰天䁥而景見䁥者赤赤方與青方相連赤方氣中有兩星明也青方氣中有一黃星明凡三星相合而明則爲景星者景星也者黃而潤澤其伏無常常出有道之國也

苟或見於君上此乃應天之兵大慶之兆也若在當遠自退軍不可與抗也或流星長四五丈如龍虵動搖者大將凶或白雲如車輪下有流星旋入北斗者主人當走星有勃於招搖者夷狄將亂或流交於天心者敵盛或流衡太白而過者大將凶或流星貫日

而滅敵國或流星貫於紫宮備奸賊下謀上流星前赤後青黑者客軍敗流星從敵上來並吾營上者當有奸謀來說吾軍流星尾長三尺暉然者氣使也赤色者將軍使也凡用兵攻其星見之所則克也流星色蒼白者爲使赤則有兵黑則喪星有曳光如疋練墜軍中者星有色如血及星有光奕奕細碎墜軍中者敵兵陰到多殺傷或星無尾形色如橘或有拖光如劍形墜軍中者敵兵剛猛我必敗或大星無尾狀如斗及火星狀如橘大而色黑晝墜軍中者主大殺害星有五色曳尾或有圓光大如斗內赤黃而外青

及有頭如血而尾自墜軍中者敗兆也

客星第一百四十六

客星者非主座之星也故曰客星色句如氣勃勃以絮所過之宿必有災害出營室無兵亦不罷入奎破兵殺將犯婁胡亂入昴胡入犯塞入畢邊有急兵一作水犯觜壁虛軍儲少饑犯柳兵起守張將有陰計兵起入招搖胡兵起入天槍兵起入天棓兵起犯文昌星蒼色將有憂色多赤將驚色黃將喜色黑將死守傳曰胡入中國守天鷄天下兵馬驚守天街胡王死入婁庫兵起守南河兵起守騎宮將憂士卒疫守北落

師門虜入塞兵起守天倉粟貴入天苑兵作馬死入
天宮天下弓弩皆張出天宮匈奴兵起守庫騎西羌
來降守九洲殊口負海丕安

妖星第一百四十七

天鴈星將軍之精華也危青赤有光尾長三四丈大猾星者飛星忽作為雲者也所以兆地有流血積骨之象也頓頑星如天岔前卑後高見則大將死燭星者狀如大句其出也不行纔見而滅所燭之地城邑拔兵破亂也天狗星者狀如火流星有聲星其下也止地其形類狗遠望之如火光炎炎中天而下圓如

類頃田而上銳黃色見則千里破軍將死也二曰有尾如狗形也蚩尤旗類彗而尾曲象旗見則王者征伐四方天蓬絮者類十小星綿聯如絮所見之野當有兵起虎頭星者其落如大月着地（一作城）則光星類里大聲如雷所墜之地兵火起旬始星出於北斗旁狀如雄鷄怒則青黑象伏鱉見則兵亂格澤星者如炎火之狀黃白色起地上銳（一作鋭）而下大也其見也不種而獲不有土二必有大害枉天星者類火流星虵行如蒼里如有毛日長如一疋布着天此星見則天下兵起昭明星者白而無角乍上乍下所見之地兵多變動也五

殘星者出正東方東方之星也其狀如辰星去地可六丈大而黃六賊星者出正南方南方之星也去地（一作行）六丈大而數動有光熖司詭星者出正西方西方之星也去地六丈其狀如太白大而白咸漢星者出正北方之星也去地可六丈而赤數動察之則中青此四星所出非其方其下當起兵爲亂衝擊者不利焉四鎮星者出四隅之地去地可四丈城維藏星光者亦出四隅去地可二丈若月之初出所見則下有亂兵興動有德者昌或二赤星在月背者利宮姓爲將或三赤星從西北向東南者利徵姓爲將或一赤

星從西向東者利角姓爲將或二赤星共尾一處從東向西者利商姓爲將或三赤星引尾直上者利羽姓爲將夫星象所見兵家禍福之本不可不詳之

流星第一百四十八

流星者天使也上者曰飛下者曰流也飛大曰奔星小曰流星大使大星小使小星謂紫微大微宮也徐行漸進經於列宿之次或於大星之座爲使也聲大者怒象也疾出遲出者並爲妖星入角四夷兵起前黑後赤兵敗將亾入參不出先起者敗犯七星兵起色青兵起入河鼓大將亾一云河鼓兵起出王良兵

起入將軍及羽林兵大起抵北落兵起使星出入天庫匈奴兵起抵天市垣大將凶抵天狗犯弧矢將有千里之行使星出廄兵馬起

彗星第一百四十九

彗星長而亘天兵大起也引尾入城城將拔近則八日遠則十二日有應彗直埀入軍營者凶宜(一作速)拔之否則士卒俱死若在敵宜急擊之彗出於月之左右者不出三十日有兵起抵觸月者暴兵起若色白者有大喪也蒼黃者臣下謀叛黑者兵大起也從中天出曳尾向西者奸人謀主將從南曳尾向北者有姦殺

害從天中出身尾向東者士民多饑曳尾向東者民
凶從北出曳尾向南者士人凶彗形如寶冠來疾速
形如幢節者寇彊不可妄動色如血者敵兵陰到光
熖爛燦而尾長濶者敵盛凡彗所指處皆凶地也

虎鈐經卷之十四終

虎鈐經卷之十五

五星統論第一百五十

歲星之行也大陰在四仲則歲行三宿大陰在四孟及四季則歲行二宿二八十六三四十二行二十八宿十二歲而周天也熒惑之行常十月入大微受制而出行列宿司無道出於無常也太白之行常以正月甲寅見營室與熒惑俱晨出東方二百三十日而

入入二十日而復出西方二百三十日而入入二十五日而復出東方出以辰戌入以丑未也辰星之行也常以二月春分見奎婁五月夏至見東井(一作西)八月秋分見角亢十一月冬至見牽牛出以辰戌入以丑未二旬而入辰候之東方也戌候之西方也鎭星之行也常以甲辰元始建斗歲鎭一宿二十八宿(一作歲)而周天也凡四星與鎭星合則爲內亂與星辰合則爲變謀則爲饑爲旱與太白會則爲白衣之會及爲水熒惑太白合則爲死喪用兵者凶與鎭星合則爲憂與辰星合則軍困先舉兵者大敗鎭星與辰星合則

有覆軍亡師與太白合則爲疾病爲內亂（一作兵）辰星與太白則爲變謀爲兵憂矣凡星歲熒惑鎮星太白與辰星鬬皆大戰之象兵不在外與（一作興）內兵構亂一曰火與水合爲淬與金合爲鑠（一作爍）不可舉事用兵土與金合國亡木合國饑與水合爲壅沮不可舉事用兵木與金合鬬國有內亂（同合爲合相後爲鬬）二星相近者其殃大二星相遠者無傷也（犯者七寸以內光芒相及也後者相過也）凡五宿所聚之宿其國當亡於天下從歲星以義從熒惑以禮從鎮星以重（重者以威重者也）從太白以兵從辰星以法二星若合是爲驚立絕行其國內外皆興兵人民饑

饑敗立王公四星若合是謂大盪（大盪者盪滌也）其國兵喪並起五星若合是謂易行有德受度（一作立）王（一作正）者奄有天下主時泰五星大其事亦大五星小其事不亦凡五星色皆圜句為喪為乾旱色赤而中不中為兵青為水黑為多疾黃吉五星皆角而赤兵大起黃有爭地之役角白喪角青亦興兵黑潦五星同色天下偃兵百姓安樂夫太白主中國而辰星主胡貉也凡五星早出為盈晚為縮盈為客縮為主人五星盈必有天應五星入大將軍興兵吉五星犯畢兵起用兵之道不能先備五星之休咎是舉其師（一作兵）與敵也

木星第一百五十一

木星者東方之宿也木之精也所臨之地必有（一作施）福祐天子布德人君之象也其下為太和之神以遂行為不軌為賊殃其木星小則多病大則害（一作加）以臨之宿為有禮有福苟無禮則無福所見之分野不依位而見其色光芒動搖謂之怒此則無禮也故有殃其精所居之地或為婦人或為近臣揚其殃禍亂其人民歌謠異語興動盛衰凡木星出若非常之處青黃之色勃勃然有光芒三角者名曰攝提亦名應星赤名重華若角邊見者名重華久往有災過則無災兵

喪應之木星所臨之日國不可伐伐者受禍可以征（一作往）伐人凡木星之行也起舍爲盈退舍爲縮盈則其國有兵無傷縮則其國有憂而將死軍敗設有所去焉則失地所到焉則得地亦曰當居不居國以所居（一作到）之國昌已居之而東西去者凶不可舉事用利兵以安靜中度吉凡木星守亢則天下兵起乘鼎陰國有憂胡王死入畢邊兵起犯兵及附耳兵亦起犯參伐兵起經柳兵起守軫兵起入五星兵起守羽林兵起犯參旗兵起

火星第一百五十二

火星者南方之宿火之精也爲執法之星歲一周天其形熖其行速與諸星遲逆不同所臨之地主兵饑喪亂妖孽常以十月入紫微宮受制取無道之國出入常以勾苡爲凶一云東西南北無有常定其位下爲風伯神一名罰罰者其形類留彗勃勃赤熖如火見於分野有憂國人饑亂父不父子不子兵甲起征伐不息其精在無道之國化爲童兒著赤衣在於壘一作壘里教爲歌謠使國人相惑或爲異鳥飛入軍營皆有災星此星者五星中最爲妖惡災異甚於諸星或逆行一舍二舍爲不祥居之三月所臨之分國有災

五月受兵七月國半亾地九月大敗亾且夫火星之精氣也爲亂爲賊爲饑爲喪爲兵所居之國受殃角而動者繞環之及乍前乍後乍左乍右者災愈甚若火星臨敵我利之可以力攻之臨我則勿妄動熒惑出則有大兵入則兵散周旋止息乃爲死喪寇盜也臨其地則亾地以戰則不勝東行疾則兵聚於東方西方疾則兵聚於西方其南爲丈夫喪其北爲女子喪火星天子理也故曰雖有明天子必視火星所在凡鶉火之時宜背午地他皆倣此火犯土木主大戰金星摶之亾偏將火環金星偏將死與金星相遘而

鬭破軍殺將入金中土出者破軍殺將克勝火出所在不利先起犯左右角及守亢兵起入房馬貴入糠兵起犯南斗星破軍殺將火入女及入危兵起守昴胡人不寧匈奴破在三年犯畢右角大戰左角小戰犯附耳及角兵起犯參兵起犯東井一星將軍野戰死犯鬼兵起守七星外有兵起大乘張及與張合兵大凶守張合大將驚犯翼邊兵起入軫兵起火行河南界邊兵起犯大微宮門之右大將亾左小將亾

金星第一百五十三

金星者西方之宿金之精也歲行分方主義主將策

主姦謀主誅伐將軍之象也其精下爲風伯雨師所在之宿止其分野其芒色搖動可以隨形見災以出入不時爲凶其星日不依狀若沒色大(一作不)甚光(一作火)大者表帝王之德正也若合伏不伏合見不見不以常道者此主君(一作君)之失政臣下用權之兆也或見非常之處芒角七鋒色多似赤者名曰七公亦曰殿公亦名太公(一作心)表帝王草政大喪之兆也或出東方不依伏沒其精名啟明亦名大相乃在左右大臣不赴(一作附)君子也萬姓蒼皇(一作黃)流移興國兵革伏起其星凡(一作几)鋒色白暈其精伏於昴酉四十五日若依並而見則

災消名更見於非常其名大囂亦曰木華亦曰爽易
芒角所臨之國其大災有七一曰大水二曰大火三
曰芒敵四曰兵聚五曰大兵六曰大饑七曰賢聖飛
騰出境重獸食人天下大亂曰南方金星居其北者
曰盈王侯不寧用兵進吉退凶日北方金星居其南
者曰縮王侯有憂用兵退吉進凶當出不出當入不
入為失舍不有破軍必有死亡之光一曰天下偃兵
野有兵者所當之國大凶當出不出未當入而入天
下偃兵在外則入未當入未當出而出天下舉兵所
當之國亡當期一作斯而其國昌出青一作東為東方大黑為

北方出白為西方入赤為南方所居久其國利疾過則其鄉凶入七日而後復出將軍戰死入十日而後復出枯死人又復出王者惡之已出三日出三日而後微一作沒沒三日而乃復盛出是謂火一作狀伏其下國有軍將死已出三日又復微出三日乃復盛入其下國有憂師師雖衆敵食之糧用其兵虜其師出西方失行夷狄兵敗出東方失行軍國兵敗一日出早為天早為月食出犯為天天為彗星將發於王道之國金星出而桑榆間病其下國行道而下也正出舉國平正出桑榆上餘二千里焉上而疾未盡期日過三矢

病其封國分天下爲三在戌酉過其一也金星經天
天革主曰陽也金星陰星也日出則星亾晝見於午
土於經天是謂亂紀金星晝與日爭明疆國弱女主
昌且金星者兵象也出而高用兵吉淺凶金星庳淺
吉深凶行疾用兵疾吉遲凶行遲用兵遲吉疾凶有
芒角敢戰吉不敢戰凶芒角所指吉逆凶進退左右
用兵進退左右吉靜凶圜以靜用兵靜吉噪凶金星
出則兵出入則兵入順之吉反之凶赤角戰金星猶
憂軍也而熒惑憂也故火星從金星軍憂離散畢出
金星之陰有分金軍出金星之陽有偏將之戰當其

行金星還之破軍殺將也辰星者殺伐之氣戰鬬之象也與金星俱出東方皆赤而赤夷狄敗中勝與金星俱出西方皆出而角中國敗夷狄勝五星分天之中積于東方中國大積于西方夷狄用兵者利辰星不出則金爲客辰星出則金星爲主辰星與金星不相從雖有軍不戰若辰星出東方金星出西方辰星出西方金星出東方爲格野雖有兵不戰辰星入金中五日乃出及入而上出者破軍敗將克勝下出者客亾辰星抵金不出者將死軍敗正旗出破軍投將克勝下出客亾地視旗所指以名破軍繞環金星若

與水鬬大戰克勝主人吏士死水星與金鬬可擑劍擑劍者其間可容一劍也小戰克勝居金星前三日軍罷出金星左小戰歷金星右數萬人戰主人吏士死出金右去三尺許軍急約戰凡金星所出所直之辰其國得位得位者所直之辰順其色而角者勝其色害者敗隨地而敗向也鄭色黃而末蒼小敗宋色黃而赤黑角者小敗楚色赤黃小敗燕色黑黃先小敗移却則勝之金星昆狠赤比心黃比參右肩青左肩黑比奎火星黑色勝位行勝色大白行得其度則勝色也行其度盡勝之凡金星與月相火有兵拔城偏將戰與月俱出守城者敗與列宿相犯小戰與五星相犯大戰金星在

南南軍勝在北北軍勝出東方背之吉逆之凶西南亦如之金星守北斗三十日夷狄來侵人羽林兵起食昴及食畢胡王死滅金星之光戰敗將死金星變色隨方色戰吉若青則東克餘亦如之入月客兵敗將死色白而角可與戰金星之出也初大後小兵弱初小後大兵疆金星與木星一東一西害王侯一南一北刀伏藏犯畢左角右將死右角大戰將死陵房色赤白起勾芒大戰不勝將鬬死金星出入而留守於尾兵起於野將士滿道入南將戰死犯河鼓敗軍殺將犯牽牛時矢衆守午甲兵犯房一作危亦兵起入室

暴兵滿道將死犯東壁大兵起守金外兵入國犯塞
守婁征無功守胃兵起胡王死四夷多憂驚犯畢邊
兵欲毀犯畢右角胡王大戰入畢口馬貴軍傷犯觜
兵起犯參邊將起左右廂大將憂犯參伐兵起犯井
將軍惡之入井兵起犯輿鬼兵起入柳兵起盆地守
柳大將死犯星大將入塞入翼天下兵起犯軫其國
兵大起。

水星第一百五十四

水星者北方之宿水之精也出於仲月天下和平若
仲月不見則災變生大饑陰陽錯亂國家傾危冬溫

夏涼害人傷物主制王刑偏將軍之象也其精下為先農之神以不效為凶一名紐（一作拊）極變色主已所見不常之處其光青白輝輝然者此帝王之為德及（一作正）也如此星見多夜雨晝晴者臣下用陰謀其上也至于偏裨地皆放此其星若不見四仲見於四孟之月者其神明名勾星光芒勃勃然如片雲大如景星燦爛九月所見分野人多流亡迭相嚙食白衣聚會兵起吞併九州十年大荒其變如此審詳候之其久而不沒光聚兩角變彗勃勃然者象海鯨魚死易王迦薪之象其神及明爨星芒急輝輝然其芒角五鋒狀

如厭劍形于（一作於）萬物者也早爲月食晩爲彗星一時不出其時不和四時不出天下大饑失其時而出（一作爲）當寒反溫當溫反寒似出不出是謂（一作以）擊卒兵大起也與他星遇而鬬天下大亂凡水星入月主敗兵與星合而出破軍殺將寒勝視所指以命破軍環金星大戰克勝守房胡敗守婁兵起犯畢夷傷主人克勝出昴北胡主死守畢昴邊兵起守參伐南胡人入塞入井則兵進出井則兵退犯鬼兵起入婁兵起守柳牛馬貴守張兵起入翼兵大起犯五軍兵起留心兵起四方

土星第一百五十五

土星者中央之宿土之精也若見於四季表王之盛衰也其神隱於大微或下于人間爲妖異爲艷女起亂以破國家爲妖言惑亂人心或爲近臣間鬭中良若其星光潤鮮明見井鬼之間伏沒依常道則正道不失不依常道則三綱錯亂夫此星之色本黃而光明獨鋒在上如火焚(一作炎)之狀四面衆光細而附上毳然卽土星之本體土星所居國吉未當居而居之若已去而還復居之國得土地當居不居既已居之又東西去之國失土居其宿久則福(一作禍)厚居其宿易則

福薄之當居不失鎮其下國可伐得者不伐其盈爲王不寧指事一日既已居之又東西去之其國內兵將亂不可舉事用兵次二舍二舍有王命不成不然將有大水凡犯左角大將戰死守右角兵起守糠兵大起入天廟兵大起守虛有客兵至不過五日自去守奎入奎有邊兵起入婁亦如之入胃客兵敗主兵不用入昴胡主死入畢爲亂入觜兵起逆行守參胡兵起守井越兵起入胃舍七星兵起負海大張守張多盜賊與土工兵起入軫兵發事自敗入天庫兵起守南河界蠻夷兵起出東掖門爲將軍實事出西掖

門爲將軍受事西出受刑

虎鈐經卷之十五終

虎鈐經卷之十六

分野統論第一百五十六

易曰天垂象聖人則之又曰仰以觀乎天文俯以察

平地理此皆前聖人洞吉凶興亾之道然而天文地理兵象之要畧得不審而用之哉行師之際五星伏沒遲順兩曜盈虧薄食飛流示變孛彗爲妖既知之矣必審必詳所居纏度焉其纏度既詳之矣必審所管分野焉苟如是方可以精别災異順其舉動而已矣今臣輙上據天文下推地理以别十二分野外以覩星辰之變內以備山川之用天地之間燦然在目其圖其狀以視於來者焉

老人星第一百五十七

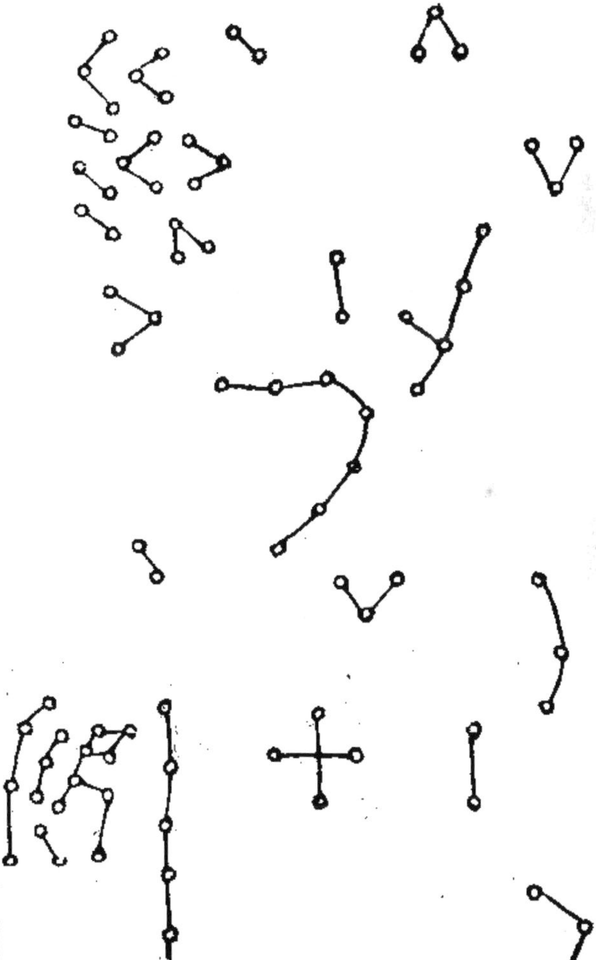

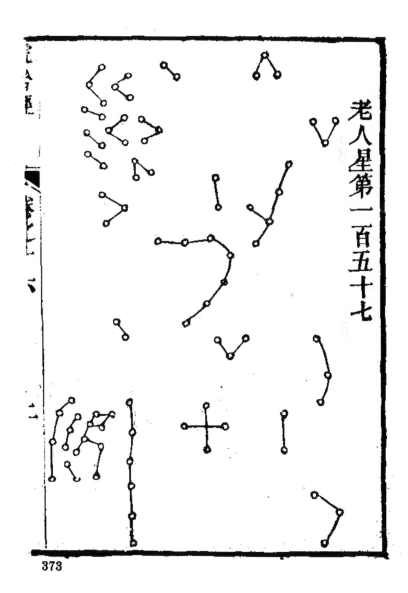

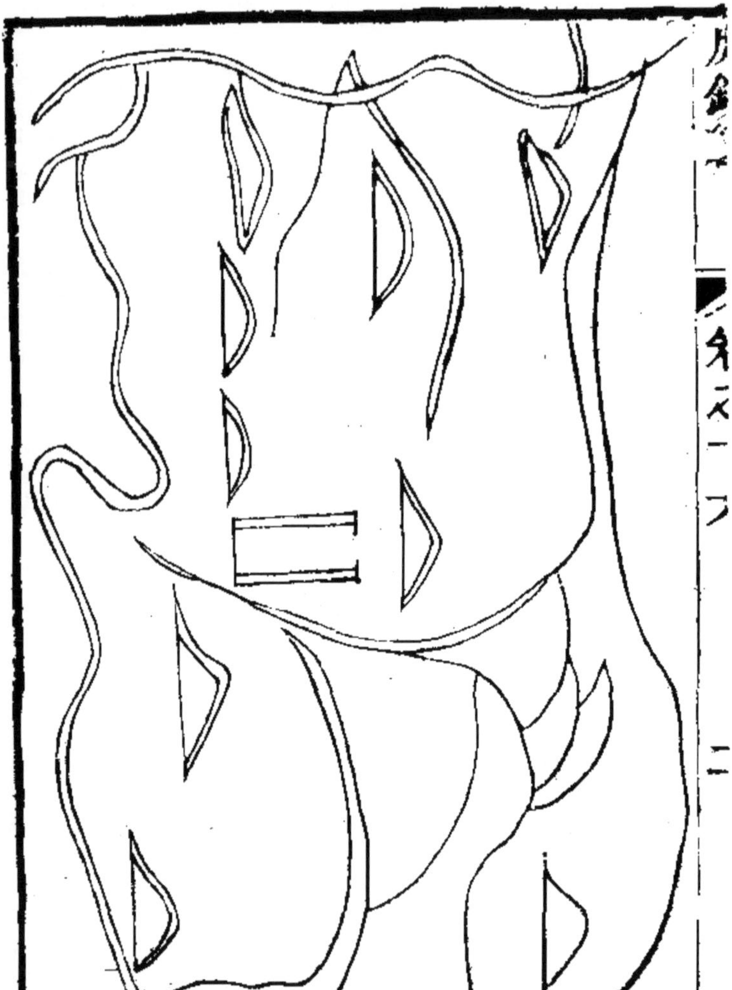

大火第二百五十八

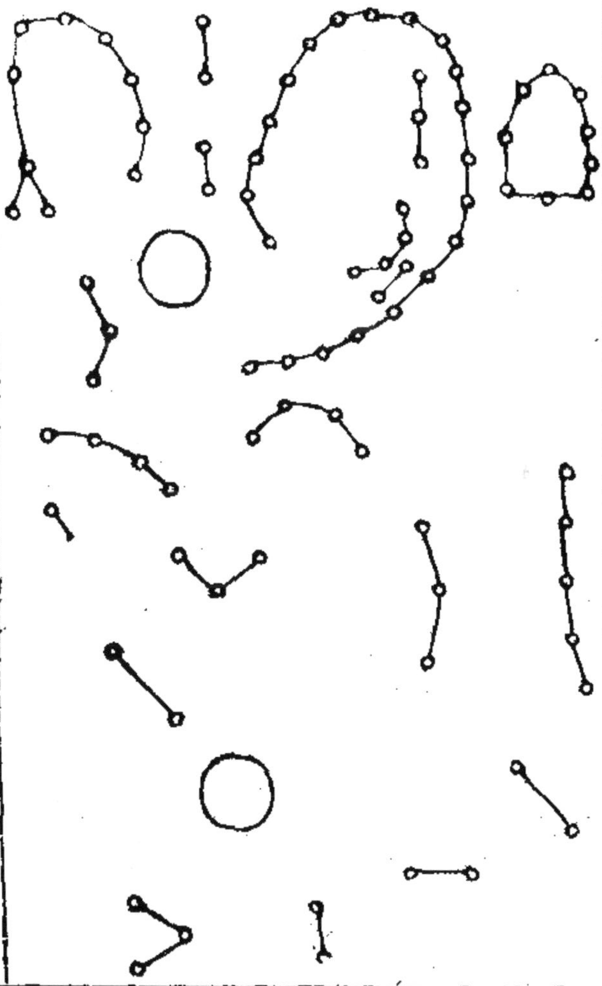

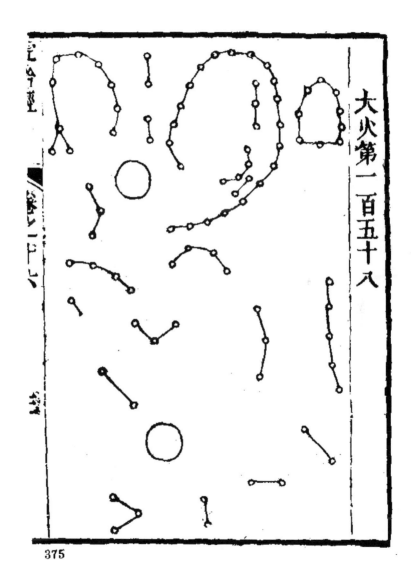

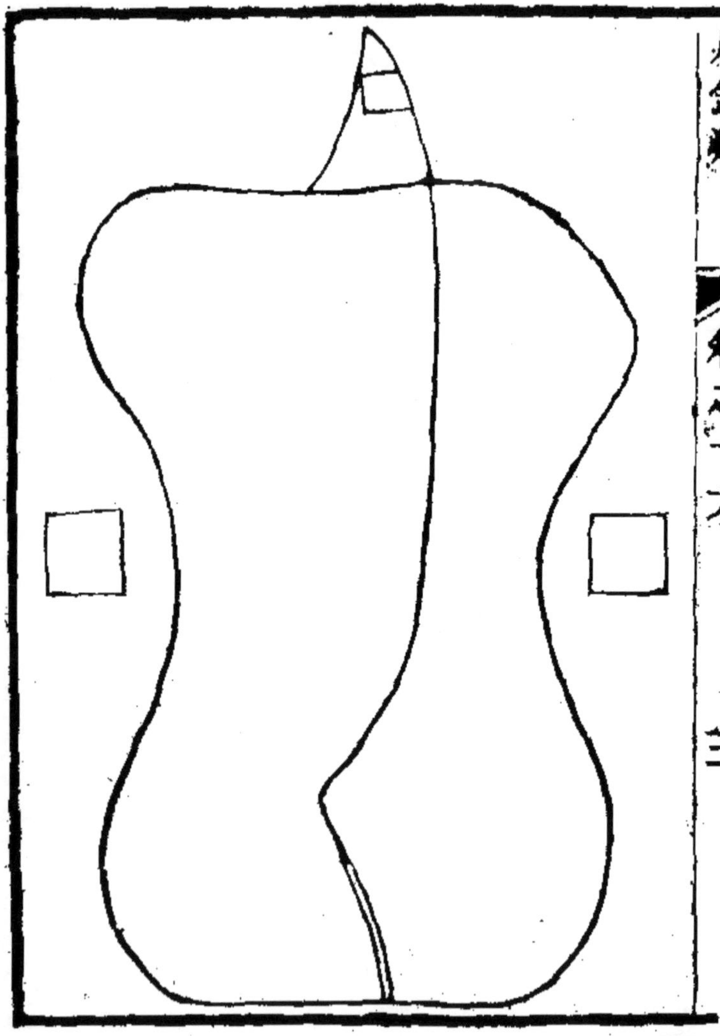

折木第一百五十九

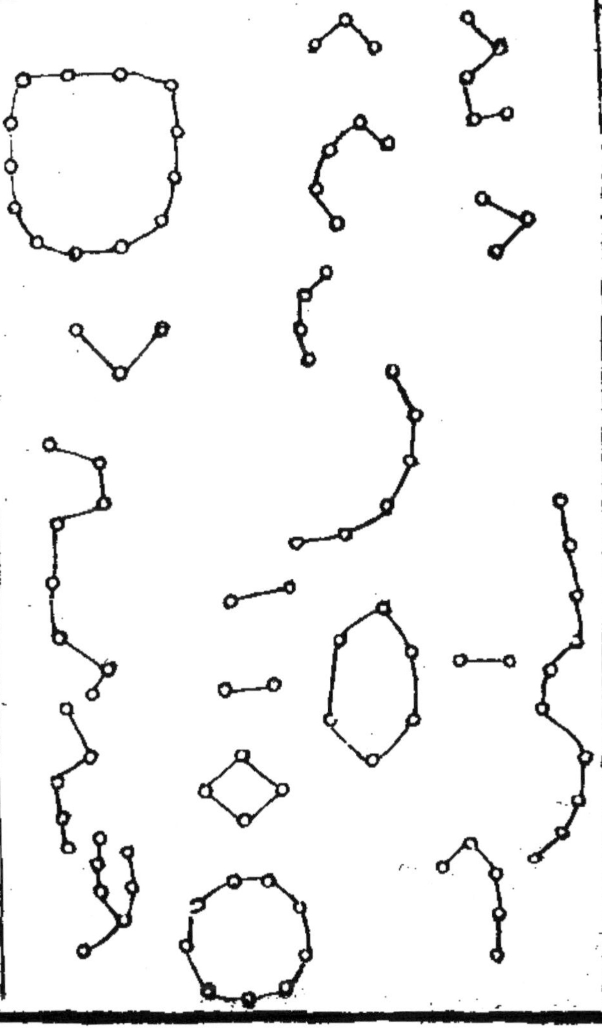

星紀第一百六十

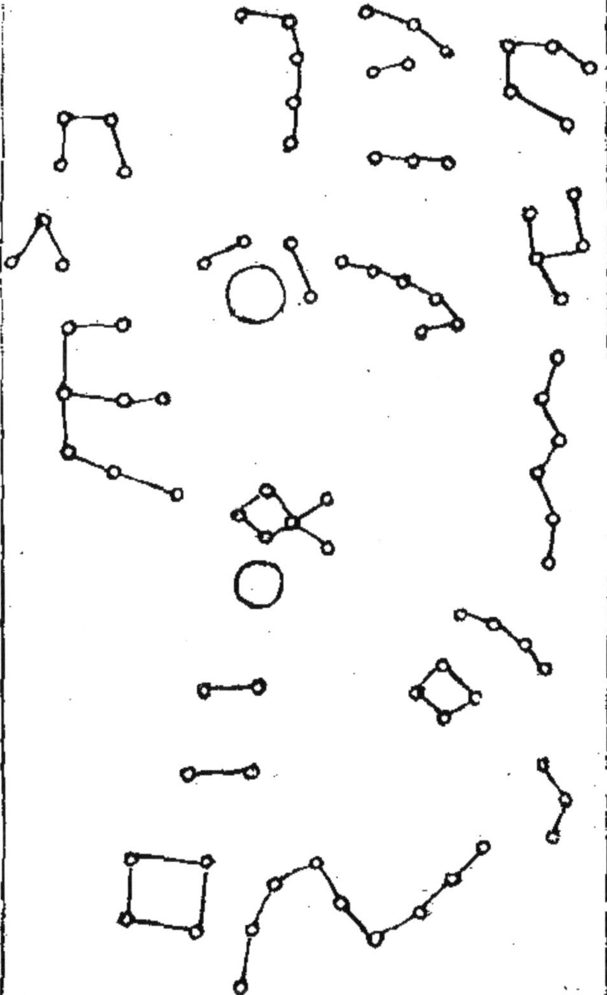

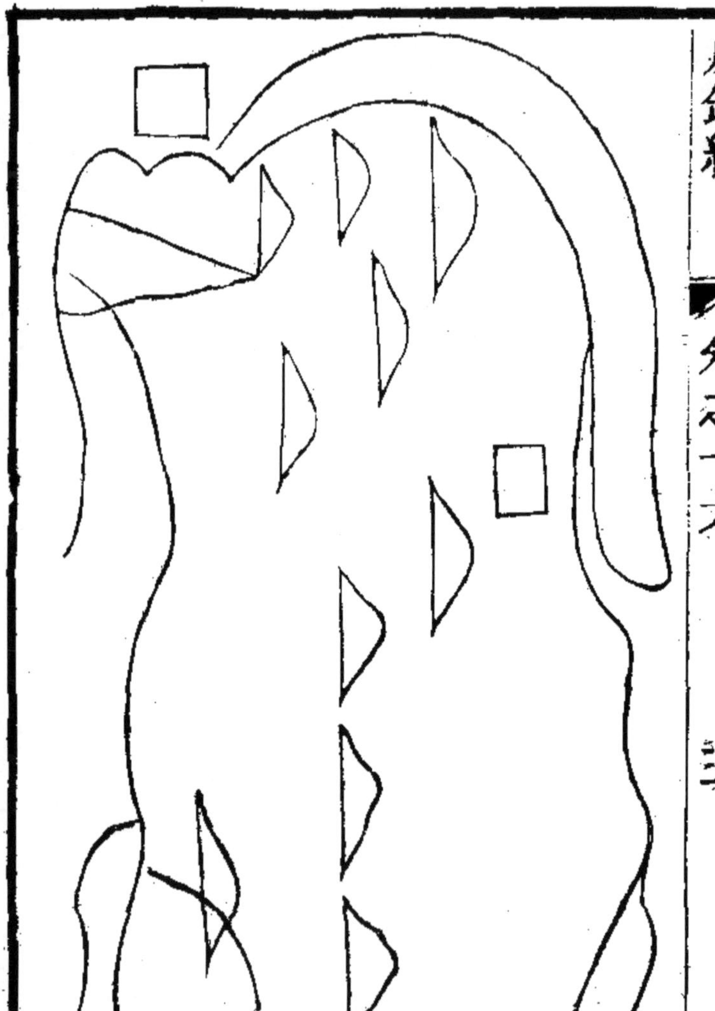

玄楞第一百六十一

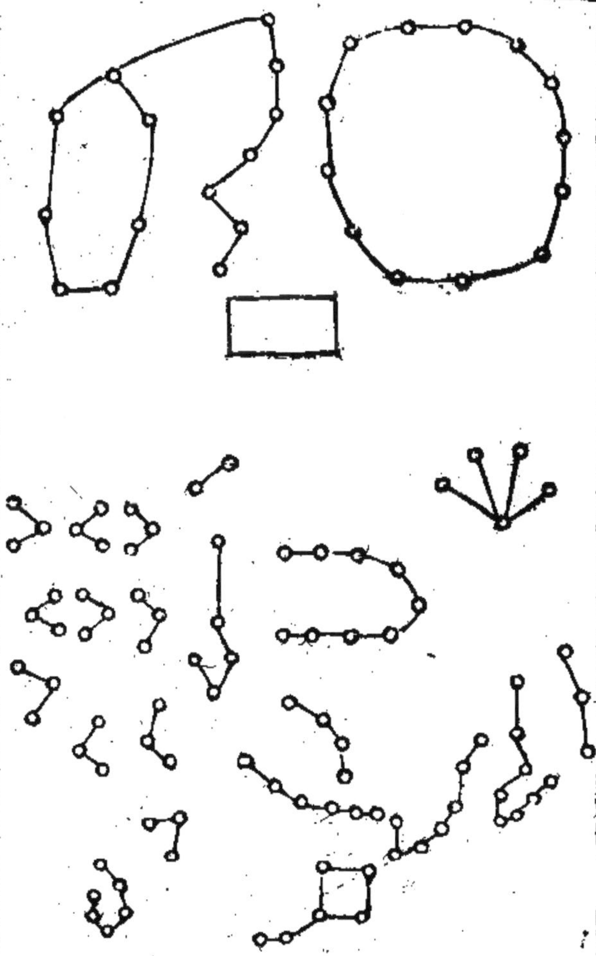

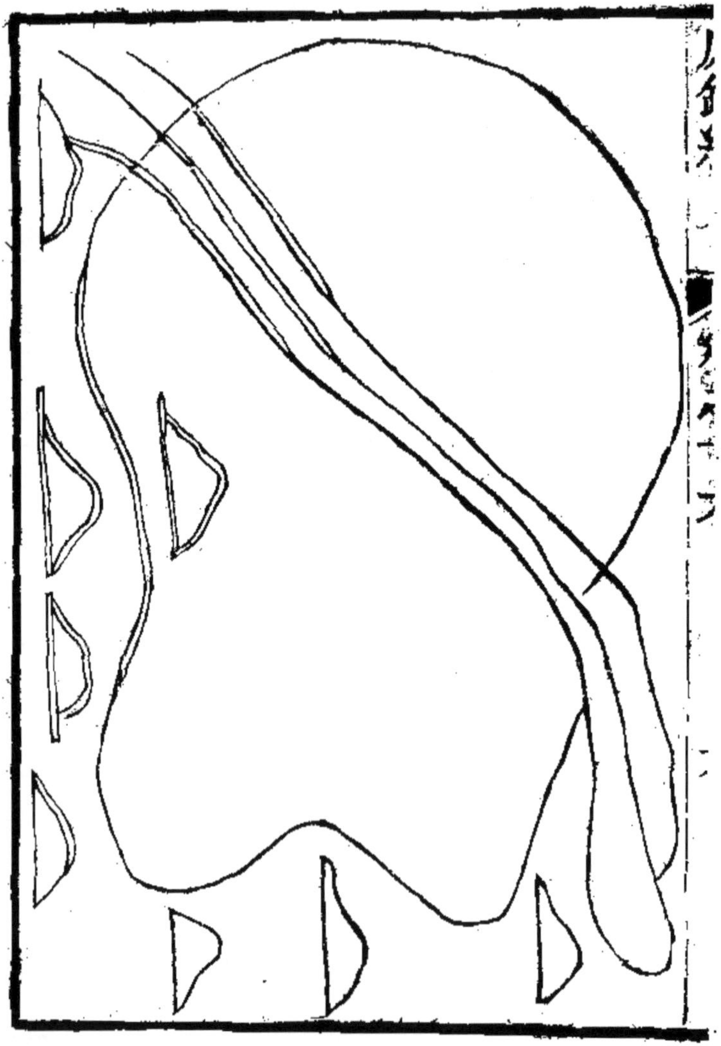

諏訾第一百六十二

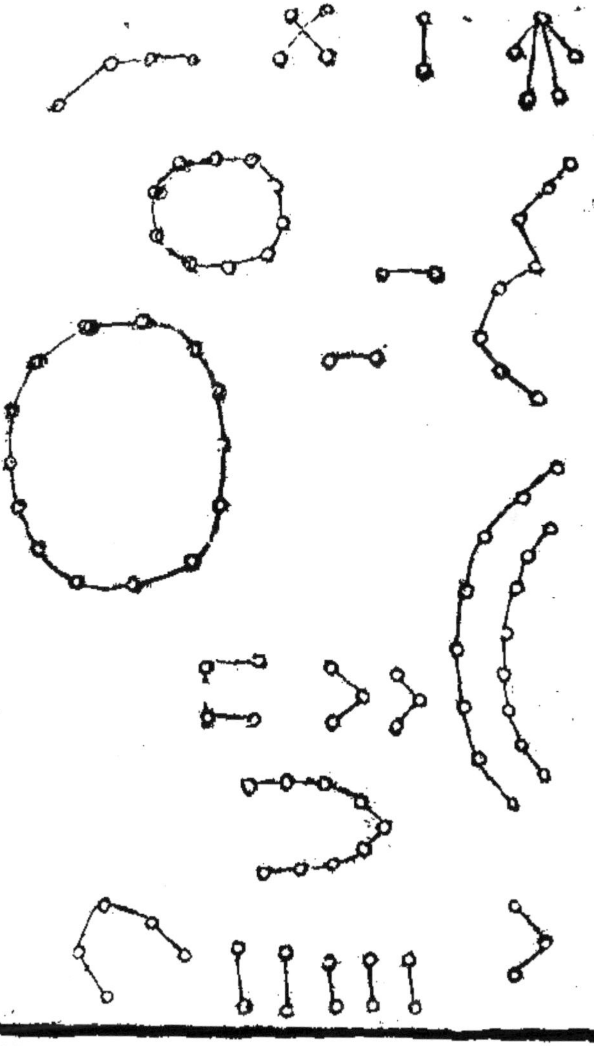

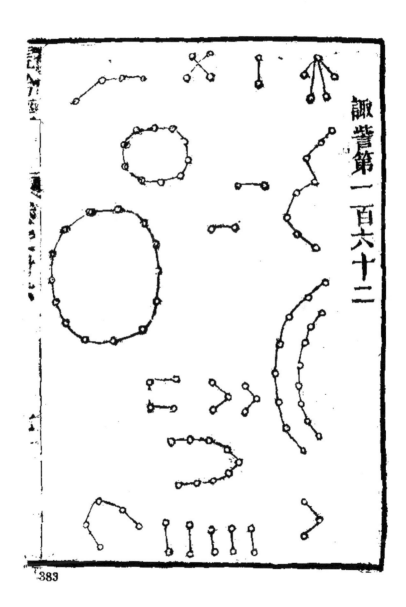

降婁第一百六十三

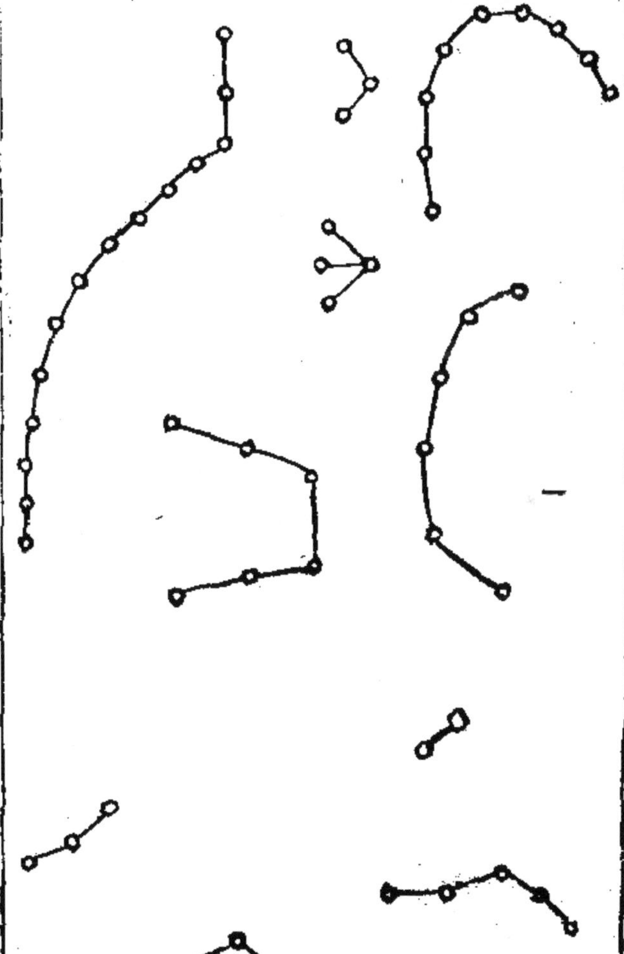

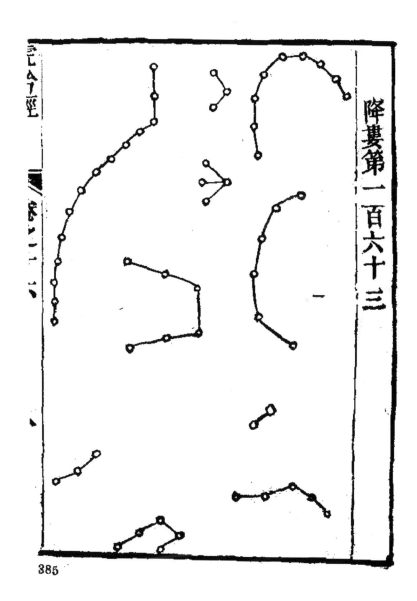

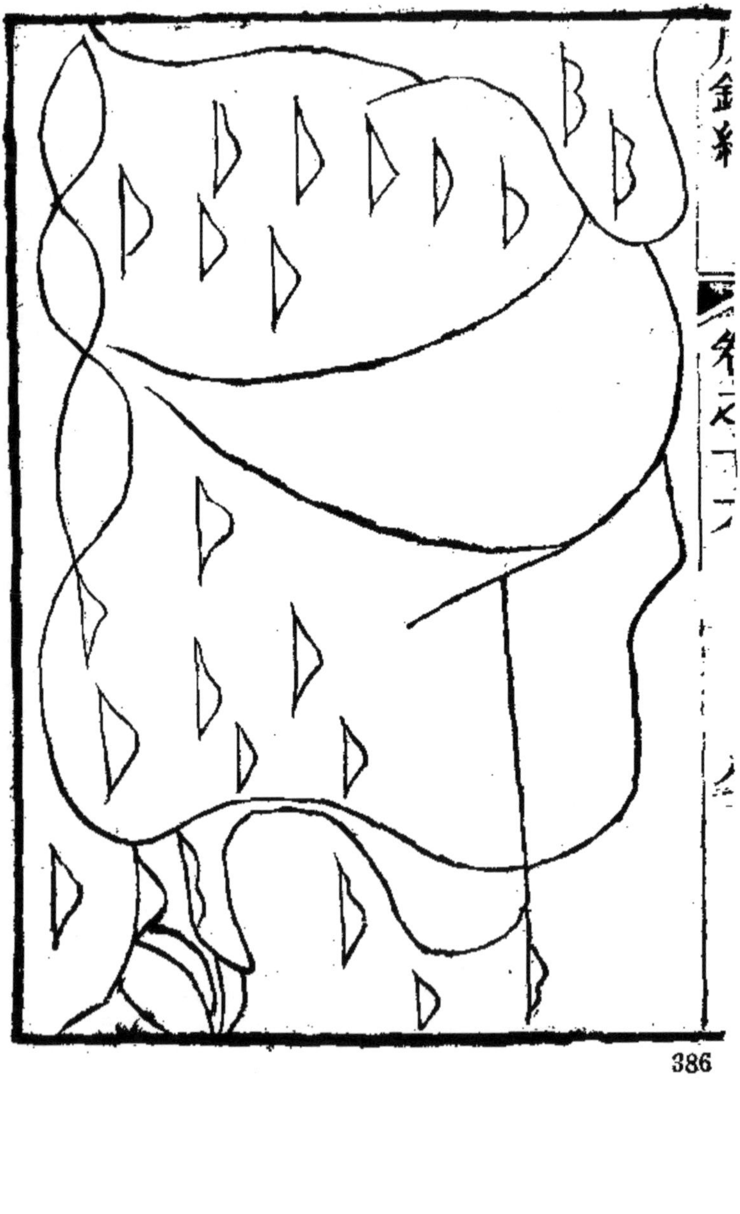

大梁第一百六十四

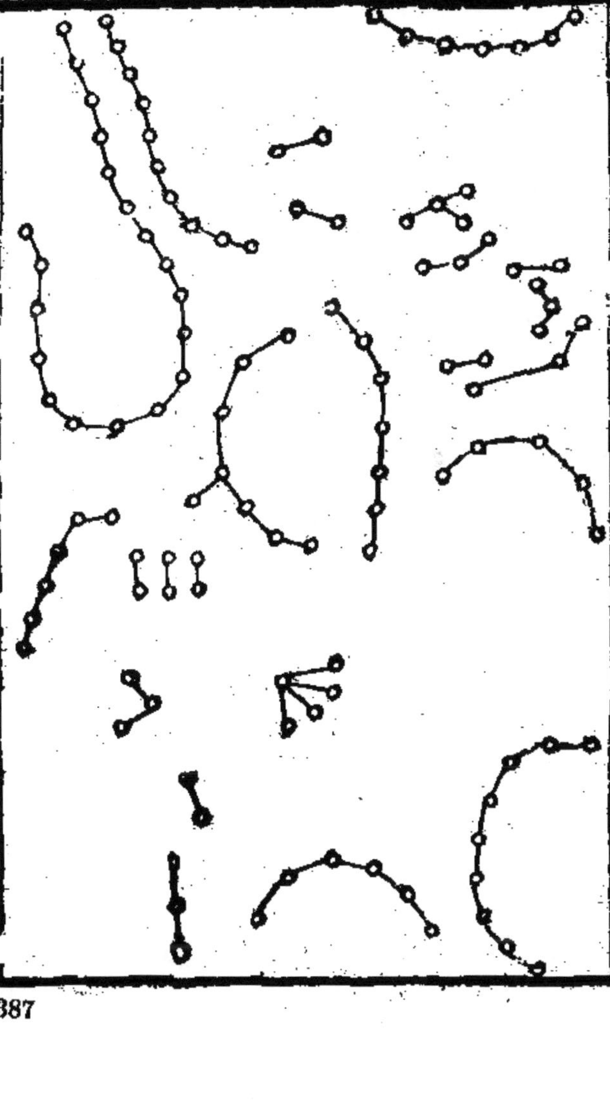

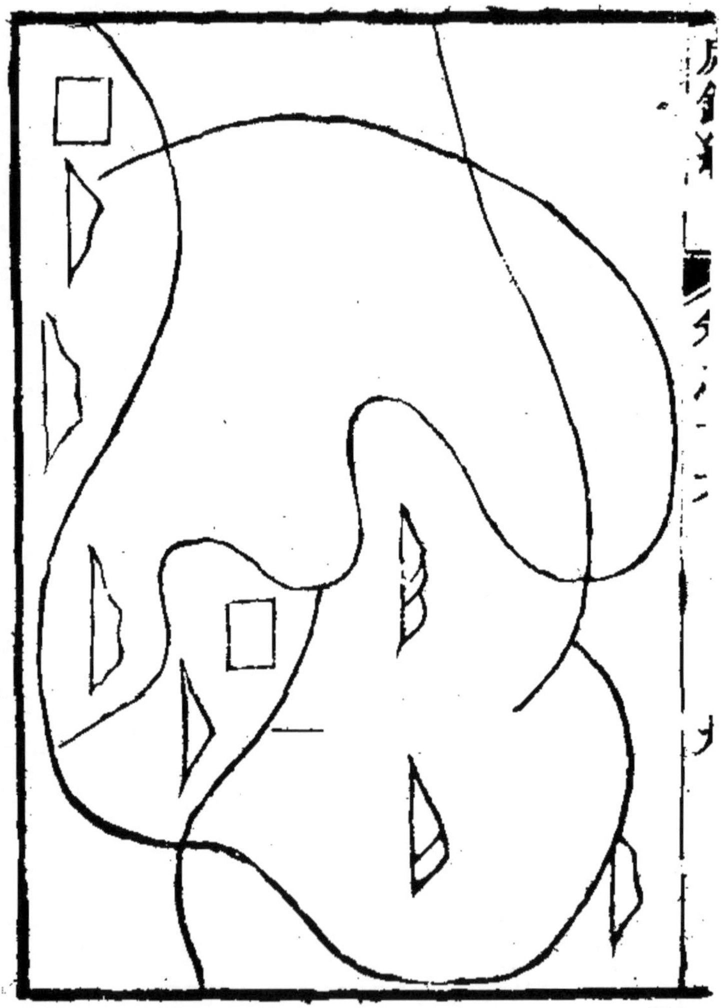

虎鈐經卷之十七

雲氣統論第一百六十九

臣聞百人已上勝敗之氣必俱焉是以順之者昌逆之者亾天地無言吉凶以象占雲氣有異必契災變古氣之時觀氣之初出如甑上雲勃鬱上騰氣積而爲霧氣陰氣結爲虹霓暈珥之屬不積不結散浸一方不能爲災必須知雜殺氣森森然疾起者乃可占常以平明不晡日出沒時候之其內有風雨爲觧者不成災也者出軍之日天氣漠漠雲彩陰沉而寒者必戰之象也若晴陽溫和風雨不動者不戰也如或有青氣見君王相上者大勝青屈旋留注者下流血大霧五十日日不散者其境當有兵馬霧色蒼黃者

亦有災變也白雲如疋練經丑未者兵之象也或雲如人行排列如陣或壬子日四面無雲獨見出雲如旌旗皆兵象也或雲三道如霧非霧如塵非塵者敵人發軍之徵隨其起處防之或白雲如疋布起于東方者大兵起也色赤者尤甚青者失喪黑者亦如之也或黑雲三道首尾銳而中裂者其下將有大戰或雲氣赤而其緣黃者大臣專權之兆也不早除之將有大變於軍上往來則往者敗來者勝或雲氣散如錦文者當有赦書行天下天下若無慶賀事必見流血或雲氣如虎頭者暴亂之象也象一作衆或雲氣如弩

弓之狀者天子之氣或雲氣長數十百丈者猛將之氣也或雲氣無故如虎行雲中者當暴兵至也或雲如人字在空者所發之處（一作地）必有人來告急一人則氣一條雲如方一紅者暴兵至也或望無雲獨見赤氣如旦暮之露或見黑雲極天或白雲如倦人衣十萬聯結部隊相逐罷而復起或白雲廣大七丈東西極天如此者皆起兵之象或有黑雲如人持刀楯者暴兵之氣也如見之國當嚴號令肅士伍以備之

雜雲氣第一百七十

凡占氣三四百里平陸望在桑榆上千餘里登高望

之下屬地者居三二千里雲氣有戰居上者戰自華
而南氣下上赤嵩高三河之郊氣上赤常山已北氣
下黑上青渤碣海岱之間氣皆黑江淮之間氣皆白
白徒氣白土功氣黃車氣乍高乍下往往而聚騎氣
卓而卓一作早布卒氣摶前卑而後高疾前方而後圓銳
而卑者卻其氣平者疾行前高從卑止不止而反氣
相遇者卑勝高銳勝方來卑而修速通者不過三四
日去之五六里見氣來高七八尺者不過五六日十
餘里二十里見來高又餘二十丈者不過三十日去
之五六十里見和雲精白者其將悍其士怯其大根

而前絶遠者當戰精白而前抵者戰勝其前赤兩昂
者戰不勝陣雲如立垣者杼雲如杼軸雲摶兩端銳
拘雲如城者亘天其半雲蜺者類闕其故劍雲鈎曲
者此雲見以五色占而澤摶密其見動人及有占兵
必起必占闕其且五朔所候次于日旁雲氣入主人
象皆如其形故比狄之氣如羣畜穹廬南狄之氣類
舟航旛旆（一作旂）若冬及之後夜明者陽氣之動也不足
占

勝兵雲氣第一百七十一

處營臨陣之時紫氣出於軍上者大慶之兆也即日

有害或軍上雲氣如覆隄前赤後白者勝氣利進兵攻擊在敵則勝或軍上氣疑成雲中天而住（一作柱）堅固不變者名曰剛氣在敵則勿攻之或軍上雲氣作盤踞之狀者此之謂天威也宜用精兵固以漸進戰或軍上雲氣如華蓋先動者或雲氣上赤下黑臨軍者此弱彼強然終破強小能擊大大戰大勝小戰小勝或雲氣如黑入在赤雲中謂之㨗（一作梢）氣或雲氣如十五童子氣中赤氣在前者彊兵之氣也或雲氣如山隄林木或白氣紛（一作分）澤從耳如樓緣以赤氣或雲氣爛如火光或湧如山火煙或雲氣如山蓋分爲（一作高）雨

穗蓬蓬然又類草煙之狀此得天勢也或雲氣凝日逐五軍而或白雲氣十十五五如高薄蹲黑氣中或氣如黑煙或雲氣如馬頭高尾低或雲氣如人持斧向敵或雲氣如二疋練此十者勁兵之氣也在敵則宜避之在我則所向皆克矣黃雲氣黃白厚潤而重者或雲氣動廣如三疋皂帛前大後狹軍行其中有雲如鬬鷄赤白相隨在氣中或陣上有五色氣連天或雲氣連天如烏衣人在赤雲中或黃氣亘天此五者應天之兵也擊之大凶或軍上氣如蛇舉頭向敵或赤黃氣于天或雲氣如日月而赤氣繞之或雲氣

如日暈有光着（一作者）或氣凝聚而不散或赤雲如龍彩色鬱鬱衝天或雲相繞又如鳳凰之狀或雲氣光潤如城門隱隱在白雲中或氣內赤分黃此九者彊兵之勝氣一曰王者之氣也雲氣如是具在我軍上則出擊敵若在敵上則愼勿妄動又若在我軍上及敵人軍氣如常者亦勝兆也

城上雲氣第一百七十二

進兵攻城及敵來圍我亦審雲氣之吉凶或城上或營上有氣如人十十五五皆又手低頭者軍人願降也（此章一緣勝敗之氣雜論之又多言城中之事故別立此章若于營寨及陣王吉凶亦同）或雲

氣上黃下白名曰善氣所臨之軍欲相和解或城中
氣如白旗者不可拔或黃雲臨城者城中有太喜慶
或青色氣如牛頭觸人者城中不可屠(一作圖)或城中氣
出東方色黃者此天鉞不可伐伐者大禍或城上氣
如大煙分湧者主人欲出戰也其氣不可擊諸色但
出而無極者不可屠或赤色或黑氣如杵形從城內
向外者內兵突出主人大勝或城上雲氣分為兩穗
火之狀者不可攻或濛繞城而不入者外兵不得入
凡攻城塞有諸氣出入吾軍者勝氣也謹備之或攻
城赤氣在城上黃氣在四面繞之者城中大將死城

降或城上赤氣如飛鳥者急功之可破矣或氣出入於城中者城中居（一作軍）民欲逃散無鬬志急攻之或氣如死灰而覆其城寨者吏士（一作使）病城可屠或城上全無雲氣者士卒心散或城上赤氣如象人頭向下者其下多死喪血流或白氣繞城而入者急攻之可拔或白氣光如劍形長百餘丈自敵上起而橫城上者攻之者受禍城不可屠八十一日內應或黑雲高起以黃爲緣長凝於陣前橫列如跪如狀如手相牽三三五五低頭拱手營陣之上者人必降或雲氣如鷄雉及走兎者賊當來攻城急備之或雲氣三條五

條橫列成陣文如虎斑者所臨之軍必拔城殺將見之急攻之或雲如龍行於城上者必有大水凡城上勝敗之氣如是者勝在敵不可攻之敗在敵可攻之勝在我則利出兵進擊敗在我則堅壁淸野嚴以守之雲氣所見天地之心也可不愼哉

將軍雲氣第一百七十三

欲知敵將之賢愚亦以雲氣占之夫軍上靑雲帶赤中黃白自白自月至夜不散者其主弱臣強大將軍驕恣法令顛倒可急攻之或軍上雲氣昏昏暗濁者主將不明賢良不附也或軍上雲氣如蛟龍者主將軍

神魂散亂可擊之或出自白日沒之後有青氣西亘天者經十日不雨大將當失位强在三年之內也巳而變赤者大敗之兆也或軍上青氣漸黑者大將軍死或雲氣黃白而潤澤者將有威德也或軍上氣漸漸如雲變作山形者將有深識也或雲外黑而中赤向前者或兩軍相當雲氣如國倉者或赤氣如山者此三者將悍精驍勇也或雲上與天連者將有智也或雲氣如龍虎在煞氣中或如火煙奮奮或如火光變變或如林木龍蹤者或如塵埃頭大而卑者或邑紫黑狀如門上樓者或如紫粉一作粉絮霏拂者或如龍游

黑霧中者或如日月有赤氣起繞者或狀如門上黑下赤者或皂旗者或如弓形或蜿蜒如蛟虵者此十三者猛將之氣也或雲氣青而踈散者將怯弱也或前大後小者將不明也或內黑綠以白氣者將懦而無謀也如此者可以詐動可以事惑可以威讋可以強逼決勝矣

伏兵雲氣第一百七十四

進兵之時先於山川四面望其雲氣渾渾圓長赤氣在其中者或如赤杵在黑雲中者其下有伏兵或氣青黑色掩北斗者敵將設伏兵以待我也或兩軍相

當赤氣在陣前後者亦有伏兵隨氣所在之方或雲絞絞綿綿者此以車騎為伐也或雲氣聳然類山丘形者此皆精猛之伏兵也或雲成氣布席狀者此以步卒為伏也所見之地急防之

姦賊雲氣第一百七十五

白氣羣行徘徊結陣而來者他國人來欲圖亂我不可應之視其所往隨而擊之可得也或有黑氣臨我軍上如車輪行敵人深入謀襲營柵或有黑氣游行中含五色臨我軍上必謀合諸侯而伐我諸侯必謀反敵軍敵軍當自敗或有黑氣而幢節之將出於營

中上黑下黃敵人來求戰無誠實言信相及九日內必覺備之吉凡雲氣如是者敵之密謀也

敗兵雲氣第一百七十六

軍上氣如死灰或如馬肝或如偃蓋或如羣羊或如驚鹿或如氣如人手皆敗徵也或黑如壞山（壞一作敗）隨軍軍敗將死隨我亦（一作稜）當避之或雲氣白黃昏發連夜襲敵者軍士散亂擊之吉或軍上氣卑而一絕一敗在東發白氣者災深或雲氣五色而東西南北不定者軍欲敗或赤氣炎隆于天者大將軍死而衆軍潰亂或黑氣如牛馬從霧中漸漸如軍者名曰天狗

下食血心營于遠處避之或雲氣蓋道濛蔽而晝冥者立敗之徵也變不暇熟急避之若雲氣或青或碎如瓦礫所臨之軍即敗也若雲氣或赤或白如人首頭如人臥匐地低頭所臨之軍敗也當流血百餘里在吾而欲穰之者大將移營他處即吉也士卒令其歡心上騰可以解禍或雲氣如水破土伍潰之兆也敵將潛兵襲我之後或夜雲氣長如引索垂下所臨之軍敗也或夜半雲氣濃者者多陰謀色青白及蒼黑者皆反戾之兆也或黑雲如車輪轉而入軍者小人謀迸急察備之而雲氣狀如犬者其下多流血或

雲氣黑色而黃色在上者士卒怯懦內亦有反亂之計也或黑雲如幡幢在氣中者或赤氣如血飛鳥在黑氣中者皆敗兆也或黑雜碎如羣豕或如羣牛馬或如羣驚鳥者皆敗兆也或雲氣如浮塵散漫者士卒謀反逆或赤如火之猛焰燭天而起者大敗流血或赤雲如人三三兩兩或行或坐者暴兵將至也或雲氣如焚生草煙所臨之軍大敗也或夜半雲氣濃黑者多陰謀其色青白及蒼黑者皆反之兆也或雲氣如焚生草煙所臨之軍雖前勇後當自退能以歲月候而擊可勝或赤雲氣而漫慢或如垂蓋者軍當

自亂或赤雲兩向將如入字各有守尾銳而復大者狀大戰血流先動者敗言先動而敗者謂有兩軍交刃之時之兆也或雲氣如懸衣敗兆也雲氣如轉逢者敗兆也或兩相當敵上全無雲氣者擊之可破也或兩軍相當敵上雲氣極天如陣者此之謂橫海氣力功之可破也或兩軍相當望彼軍上有火照人者此失將士之心攻之可敗也或雲氣如羣鳥亂飛者敗兆也或雲氣毿毿如虎尾垂于軍上者軍欲降不然將有奸人為敵應或兩軍相當去十里內望見彼軍上氣白又高後有青雲者並敗之兆也宜速鼓行

而擊或雲氣蒼黑者敗光也或雲氣如行牛或如鼓車或如羣蛇亂走或黑雲如人牽牛皆敗光也或雲如壞屋之狀兵敗將死或淡黑雲中有深黑雲黯黯西如暴者謂之敗軍之氣兵大災夫師動衆天以勝敗之氣告人者有以也當勝氣者不可恃之當修軍正（一作軍政）精智慮嚴號令正賞罰此可以答天地之貺也苟或恃正勝氣而軍政不修荒怠敗度此可以反勝爲敗也偶敗者氣詛能必敗也當以嚴敎令謹智慮責躬罪已恭答天譴此可變敗爲勝也大將得不以勝敗之象立修德之方乎

虎鈐經卷之十七終

虎鈐經卷之十八

八節占風第一百八十九

天第一百七十七

天裂一作制于敵上者敵人自亂之兆也天色如血兵戰之兆也天雨甘露所雨之地兵大勝也雨雖在敵敵敗也在我軍避之天雨魚鱉在敵敵敗也在我亦當避之天雨血在敵急擊之可勝也在我避之或在我彼兩界者將大血戰吏士俱傷天雨粲及粟在敵敵凶在我避之天雨海鳥毛大亂之兆也天雨毛所雨之地大將信任邪謀也若煙非煙慶雲也雲開有德若星非星歸邪也歸邪有人若霧非霧泣軍也泣軍

多殺將若雷非雷天鼓天鼓多敗軍不雲而雨天泣也天泣多覆國凡天下之事變異於人者急慎之

地第一百七十八

地裂者兵戈之兆也營中地生錢者下謀叛也急備之營中地上生毛者吏士多亡敵嚴令防之軍在野營地震者有災星到也營地生五谷者將士有喜慶大將有封邑營中地色忽變黃者大慶之兆也營中地忽折裂有敗軍將死也急移營避之地忽陷者主將破點之兆也營中地忽生血者賊來忽速避之城中與營內山忽有夜鳴者吏士有分散移營避之屯

兵之城山脊崩者敵來伐城山夏崩者有大水至山
秋崩者有暴兵至山冬崩者軍民饑結營之地吼如
雷者敵來急速備之流水無故絶者設伏兵至水忽
赤如血者軍士欲自亂急備之

虹蜺第一百七十九

攻敵人之城有虹蜺屈曲從外入者三日內城屠五
色虹蜺飲軍井者大凶移營避之虹蜺垂營中者亦
敗兆也五色虹蜺繞城城中將亂急攻之白虹見於
軍上者軍敗流血白虹貫中師不可出白虹繞城而
不匝者從不匝處攻之必拔矣繞城而匝者卽傒從

漸錯處攻之赤虹從天直垂地者所垂之地敵兵至十一月屈虹出破軍敗將天有白虹如霧者營中防姦賊及兵將反黑虹所見之地大水到其處利於高處置營赤虹半隱雲上有火災亦當敗黃虹在營上吏士多驚撓青虹赤如之不爲災

雷霆第一百八十

營中雷折木者大將凶利修軍政春三月丙甲子乙丑戊寅辛卯戊午有雷及霹靂下石殺人者軍在野營將有大戰一月內應之雷一聲而止者將軍有重命行將戰之時雷聲自我陣後起漸漸入敵者必勝

也隨其聲而擊之吉從敵震迅而來者凶也急抽兵避之天陰不雨雷霆在我軍上隨而擊之者大勝也令戰之時六雷一聲而止先動者勝渾渾圓長者從來處吉聲四起東西南北不定者軍有大血戰兩軍傷大雷疾速自我入敵者勝也自敵來凶霹靂當牙帳急搜檢一作驗之營中有姦人為賊應亦慮暴兵至或夜半無雲而雨者吏士不從軍令也火急施恩布惠一作搆我以禳其禍

戰候第一百八十一

交戰之時五色采旗掣拽不動者大勝候也敵強力

戰愼不可追之臨戰之時鼙鼓之音鳴于常者勝候也角聲清激者勝候也風不起而旌旗飲揚前指敵陣者勝候也馬驕嘶而喜躍欲進者勝候也牙帳無故倒折者敗候也鼙鼓之音重濁不止徹者敗候也角聲洪濁不清潔者敗候也焦而四亂者敗候也橫而不圓者內亂將發旌旗撩亂不整者敗候也馬亦多驚嘶退縮者敗候也臨陣之際勝敗之候能詳審者善矣

雜占第一百八十二

結營之地天火焚其林野者賊兵疾到火無故自發

焚其帳幙者有大水到溪澗中水忽出主有陰賊到其地宜移營避之或出軍之時或將戰之際有兔及麋鹿之類走過者勿殺之勝兆也營中黃龍見者大勝也營中山池沼溪澗忽自然自外而入者士卒淩主將龍鬬營中及左右者賊大至亦防大水羣蛇集營前道上者有急兵至營中竹樹忽然生血者大將有重憂營中不雨而樹濕者賊中起營中忽得五色魚者勿殺之殺則大水立至不然暴兵則有魚上下于樹者水亦至急移營高處避之鷄有重距重翼飛來營內者勝兆也殺則大凶兩軍相當遙見敵上有

龍者不出一月敵當大敗大尿溺營前大道者移營避之有災至營中馬忽驚嘶者卽起卒兵立具兵器備之恐賊潛到馬前營生角者多殺傷馬毛無故而赤主將災也將帥之馬夜無故嘶者其主凶城忽出水者賊兵相侵鼠嚙（一作）甲冑及兵器者損吏亡也鼠羣行卽有大水鼠頻出軍中防叛逆虎狼入營者賊兵至傷人大凶

占風統論第一百八十三

凡災風之來多有殺氣克日濁塵飛埃蓬勃四起也

凡祥風之來多與佳氣併而日色淸明天氣涼索今

條長去地少高不動塵而過也

五音占風第一百八十四

宮風聲如雷吼空中(一作風)商風聲如驅羣羊徵風聲如奔馬羽風聲如擊溫角風聲如千人子午爲宮丑未寅爲徵卯酉爲羽巳卯爲角宮風發屋折木米貴來年兵起徵風發屋折木四方有急羽風發屋折木米貴(一作情踴)商風發屋折木主兵角風發屋折木急鬪戰

刑殺占風第一百八十五

歲月日時傷陽德自處陰德在天干歲月日時子刑卯卯刑子丑刑戌戌刑未未刑丑丑刑巳巳刑寅(一作申)

辰午酉亥各自相刑子丑寅巳申為上刑卯寅巳為下刑大風從三刑上來官軍克大寒大克小寒小克風從刑下來禍從刑上來福從三刑為上從自刑為下

十二位占風第一百八十六

申子為貪狼主欺紿不信巳賊遇盜賊主攻刼巳酉為寬大主福祿賞賜衆宴酒食主貴人君子亥卯為陰賊主戰鬬殺傷謀反大逆殺人之事寅午為廉宜一作貞主賓客禮樂娶嫁威儀誠信丑戌為公正執仇怨主兵辰未為奸邪主欺慢人貪狼之日風從寬來仍

以貪狼參說吉凶他皆倣此有殺氣從三刑上來或
五墓上來有伏兵不戰必克

逆風第一百八十七

蓬勃四方起或上來觸地此逆風也暴兵至寅時發
主人逆辰時發客逆午時發親戚逆申時左右逆黄
昏發外賊逆宮日風從角上來卒急有兵圍至月中
折木者城陷羽日風喧喧日無光深霧兵圍城客克
商日風從四季上來關梁不通路色陰賊日風從陰
賊上來大寒日一作日相殺

風雨雜占第一百八十八

攻城圍邑經旬不當雨者城中有輔疾去之征出之日細雨沐兵徒之徵也若大風雷雨不見日辰午戌亥自刑之日兵家大忌也臨戎之際忽來陰氣猛勃牙杆折陰不見日旌旗抑揚此敗徵也慢風與氣從敵所俱來我勝急擊之反是則凶旌旗暈暈一作暈順風搖曳舉向賊者即擊之勝也大將牙旗之日風勢順動旌旗前指鞞鼓之音清亮此勝兆也持此可以勝定安三軍之心風施塵如穗如蚍形屈屈來樣者商急備之風來卑而掃地者敵兵至速高則來緩營中大風折木者大將失位風無常而無定者賊即至合

戰之際大風晝昏揚塵衝敵大勝反是凶兵初至所伐之城天色陰翳又無風而細雨涳濛者軍將曰若初臨敵而大雷雨隱而至者大勝之兆也有旋風入營折絕旗幟干戈次壞帳幙必有盜賊入營將死

八節占風第一百八十九

候風之次（一作幾）常乎其節寅時候之立春之日位應艮宮本宮綽綽然和風徐徐而至者此之謂條風也風自入門起者軍民不利也春分之日位應震宮本宮風來搦之非低颺之非高習習然得風者此之謂明庶風也明庶風應候軍民寧泰之兆也風自金門金者

民不利也立夏之日位應巽宮本宮風至陶陶然緩而不散亂者此之謂淸明風者也淸明風應候軍民寧泰之兆也風自天門起者軍民不利也夏至之日位應離宮本宮風薰然融和而普者此謂景風者也景風應候軍民寧泰之兆也風自水門起者軍民不利也立秋之日位應坤宮本宮風來者暢而諭（一作渝）者此之謂涼風者也涼風應候軍民寧泰之兆也風自鬼門起（一作來）者軍民不利也秋分之日位應兌宮本宮風來蕭然者此謂閶闔風也閶闔風應候軍民寧泰之兆也風自木門而起者軍民不利也立冬之

日位應乾宮本宮風潔清瑩爽而至者此謂不周風者也不周風應候軍民寧泰之兆也風自土門起者軍民不利也冬至之日位應坎宮本宮風來淒涼不怒者此謂廣漠風者也廣漢風應候軍民寧泰之兆也風自火門起者軍民不利也風之來也順者爲祥逆者爲妖皆入志正邪也然後通天地鬼神之心也是以節之之首日而占之可以知其吉凶矣行師者能以順正之道應乎天欲風之不祥也其可得乎

虎鈐經卷之十八終

虎鈐經卷之十九

時加占鳥情第一百九十

運加占鳥情第一百九十

雜占鳥情第一百九十二

時加占鳥情第一百九十三

六甲占鳥情第一百九十四

時加占鳥情第一百九十

巳酉爲寬大之日時加巳酉烏鳴其上有酒食時加寅午烏鳴其上有酒食亂讓時加丑戌烏鳴其上有酒食詞訟口舌時加卯亥烏鳴其上有酒食時加辰

未鳥鳴其上有酒食婦人口舌時加申子鳥鳴其上有酒食貪午爲廉貞日時加廉貞鳥鳴其上有王相長吏休廢有諫諍責讓（一作襄）時加巳酉鳥鳴其上有賓主時加申子鳥鳴其上有酒食相殺時加丑未鳥鳴其上有賓主時加丑戌鳥鳴其上與上同時亥卯鳥鳴其上有酒食丑戌爲公正日時加公正鳥鳴其上有王相當其吉長吏公事休廢囚死者有來尉問事時加巳酉鳥鳴其上有公正酒食相遺時加寅午鳴其上有公正慶賀事時加辰未鳴其上有使（一作吏）士來說陰私事時加申子有使（一作人）來作公正事時加亥卯

鳴其上有士來說賊相殺事辰未爲奸邪日時加辰未鳴其上有王相來長吏奸詐休廢囚死口舌事時加寅午鳴其上謙讓人說奸訟事時加巳酉鳴其上有酒食陰賊事時加丑戌鳴其上有吏捕姦邪私事陰謀鬬爭刦殺盜事時加亥卯鳴其上陰賊兵刦申子時爲貪狼日時加申子鳴其上有言羣盜攻刦休廢囚死有盜賊事時加巳酉鳴其上有酒食攻戰事時加寅午鳴其上有善人說攻刦事時加丑戌辰未鳴其上有婦人說羣賊事時加亥卯鳴其上有羣賊攻奪事亥卯爲陰賊日時加亥卯鳴其上有王相說

羣臣大義休廢囚死鬬傷事時加巳酉鳴其上有酒食相傷時加丑戌鳴其上有使逐賊相傷時加寅午鳴其上有婦人姦私相傷事時加辰未鳴其上亦如之時加申子鳴其上賊政討事諸陰日有烏鳴若羣飛狩飄風門從四季上時加四季有攻奪皆爲開閉之事

運加占烏情第一百九十一

鳥從子上來大將不可震威武敵來勿與戰必不利丑上來者不宜出戰兵進戰內有陰謀將發細察備之寅上來者吉音至卯上來者利進戰大將有祿慶之事辰上來者有吉信至營六步忽見牛羊大吉見死物凶巳上來者不利戰陣兩軍俱傷午上來不利出兵未上來戰鬬主吉客凶申上來不利出兵酉上來利出兵有喜戌上來吏士有異心潛備之亥上來不利戰此十二辰位占鳥之情也常以帷宇居甲上占之假令甲子旬卽在子上是也又若鳥從四散併來到營上居噪聲而止住之者賊兵已入境矣急飛

過者賊勇銳疾如雷電速爲之備但疾與戰我可以勝驚鳥飛來將軍牙帳上搏擊者有賊不可出戰何足鳥飛來營前後謂之災飲烏也賊將來至營中者凶急備之赤鳥入營者防奸人刺客羣鳥三三五五營上往來無聲而四散者吏士有逃潰之心鸛鶴急來營上作巢而鳴速移營避之大水至烏至營拔于蒙難者吏士謀大將即有禍速避之烏鵲忽來磯上作巢者吏士謀大將潛驗之方戰之時有白烏狀如鷹鸇飛赴者赴敵者并力擊之大勝兆也自敵來赴我者凶急退軍勿戰

雜占烏情第一百九十二

出師之日烏于軍前逆飛者征無功在左則吉在右則凶逆軍而作惡聲查查者大凶兆也或從右發聲和順自大將後而過左復聲者大兵有慶之兆也烏及相呼于（一作子）者吉也烏于軍前一足卓立地者進必（一作不）寇者在枯井上鳴者凶振迅疾飛覗顧周陣而不止者前賊也烏來牙旗上立者急移營避之其地不祥烏立牙帳上作惡聲者有吏士潛謀逆速捜驗之必得奸狀烏來鼓角上鳴者將軍吏士心雄氣奮也器械上鳴者即有戰陣也遶營而飛鳴者所來之處

賊兵至也凡烏之來大將一別令一人候之此皆能

通天地鬼神之情者也

時加占烏情第一百九十三

兌酉金　坤　乾

離午火　坎子水

震卯木　巽　艮

登明方鳴者凶神后大吉功曹等方者大衝天罡太

乜方者勝光小吉傳送方者吉從魁河魁方者凶更看神與月將相克假令登明是凶神在寅卯申酉即相生爲吉也假令傳送是吉神在寅卯巳午即相克爲凶也他皆倣此宜細認方位辯其吉凶

六甲占烏啼第一百九十四　六甲自圖有第八卷但以圖按其方可也

烏在上　鳴者賊聞不來與戰大吉　鳴者合有吉音無他戰陣鳴者　喜信之兆也　鳴者防愼在內當有細人潛爲賊應不然有謀叛者察防之　鳴者軍無他戰　鳴者有賊信者當有戰陣鳴者鬪賊不來急備之不利戰凶兆也　鳴者亦愼之或有小盜

必殺之不然常有大驚　鳴者防吏士亡遁　鳴者
將有賊之事主者　鳴者有賊信者　鳴者防內有
奸人潛爲賊應謹備之夫占烏之法立營之地非烏
所巢而有烏來鳴方可論古者聚林羣烏之所栖泊
而嘲噪無常者不足占也

虎鈐經卷之十九終

虎鈐經卷之二十

禡六纛旗文第二百六　禡五兵文第二百七

禡馬文第二百八　釁鼓文第二百九

回兵第二百一十

誓文第一百九十五

有虞氏戒于國夏后氏誓于軍敵人誓于軍門之外周人將交刃而誓所誓不同吾從周誓之誓曰惟天至仁亭毒萬物其有逆于道德者激霆以震之惟神至幽游息六氣其有淫于禍亂者潛靈以殛之惟王至明順卹九服其有勃于教化者興師以察之此四者同條而共貫也是知軍一作君天下者揮長戈以賓不

臣誠未爲不善也滌穢滓以廣王化未爲不嘉也今蘖虜不庭亂常反德吾爲天子恭行天討誓剪大憝決垂元功即出一作口凶門已即敵境咨爾衆士周命賞于祖弗用命戮于社生死榮辱在是一舉勿使自蹟爲邦之羞爾其勉之勉之

祭毘沙門天王文第一百九十六

維年月日某官謹以香火蔬菓祭于毘沙門天王惟天王神靈通暢威德奮震據大陰之正位降普天之妖魔左手擎塔尊神顯于西土右手伏戈一作戟赫人威游于北方一舉而羣魔駭再舉而沙界裂目激電以

日𦞂髮聚藍而雲委卓犖萬古鬱稱元神今妖孽未除生靈塗地凶聲逆氣溢天而浮星帝命某領雄師權剿戮羣黨大勳未立狀心從奮天王受佛敕印廣揚神通尚能卷大地于掌中納須彌于芥子今此小醜豈不能怯伏惟降慈悲心救衆生苦開大神力神兵右迴左施剪滅賊衆說苦腦于刀兵之刼發濟投于風火之輪則某也虔心皈依實在此日尚饗

祭風伯雨師文第一百九十七

年月日具官某謹以牲牢（一作羊）香酒之奠祭于風伯雨師之神惟神箕畢之精陰陽之粹也動息無間遊潛

大虛大塊噫氣鼓天地以發籟飛龍在天合雲雷而作解茫茫禹跡民其賴之今某出師有期惟靈是禡冀神陰嘉一作佑祐以贊我師旅或則駕舟楫濟巨川神其九施簸之怒號或則後嶺岑歷險阻神其減十期之霧霈然後扇腥膻之氣如塵颶空抽兇奴一作妖之血爲波注海大事苟濟敢忘元貺尚饗

祭山川神文第一百九十八

年月日具官某謹以生牢香酒之奠祭于山川當境之神始疏山濬川所以應天文裂地紀限夷夏宣風雨雷惟神者必靈有祈者必應蓋山川爲之府人爲

神之主也禍淫福善神其掌之故聖人列于典禮國家配於羣望所冀發善者之福神殲不善之尻骨惟神景天地之命爲山川之靈監我懇誠贊我兵力使收攻於須臾戡元惡於頃刻尚饗

祭黃帝文第一百九十九

年月日具銜某謹致祭于黃帝之神惟神天資懿睿首弄兵戎（一作戍）敷演三才披攘九極陶精頤（一作積）粹凝立憂古雖蹈遮之不腆寔（一作實）伊聖之有作方今天人合發夷夏稱忠隱幽于黃屋之尊告廟起白旄之命推神素章元聖開闢往世驅（一作馳）逐兇悪（一作逆）揄揚天宫功

綿歷千載一作祀光靈不泯陰垂嘉祐以贊我師旅收闢

土地誅鋤鯨鯢幽明合誠幸享多福尚饗

祭蚩尤文第二百

年月日具官某謹以致祭于蚩尤之神惟神雄材一作才自任命世持立卓紀萬古爵為人豪在昔一作官炎蠱不御土一作御德不熾公鄣自天之職纂即我之緒足躡九土手揮五兵而奮臂一呼四濵飛水瞋目再顧兩曜暗色呼氣而煙霧蒸吹蠡一作螭而風雨作金虎亦病神龍亦屠然公之丙靈寶一作宝萬萬世不泯冀垂嘉祐贊衛我師獲虜樹勳戴答戴一作以作貺尚饗

祭八神文第二百一

年月日具某官謹致祭于八方之神兩儀設象八卦成文中合粹氣結爲神靈聖君則之以奠萬民悠悠姦醜敢有不賓逆天返道羅殃道遮吾今有告神順所闢天門地戶人門鬼戶震靂一作雷洞洞火靈爀爀水澤之神聚類合鮮沱沱大極靈氣詵詵掃殄兇悖廓清妖氛一作氣神靈之神靈之尚饗

祭當境神文第二百二

年月日具某官謹備酒牢奠祭于當境山川之神惟神受天明命辨位司民禍淫福善神之恒德今姦醜

肆梟聚謀不軌污瀆我境士虜掠我生一作庶上未伏鏃授一作誅報首豈神禍淫之道耶與我元肅壇命將提戈遠征大憝未誅元勳未輯豈神福善之道耶今某虔統大軍以涉靈境固當饗我血薦潛勃其力贊應天之兵誅悖道之虜則神正直之方于是乎在尚饗

禡牙旗神第二百三

年月日具某官謹禡于牙旗之神昊天有命澤祚元王純精播扯立德勝光驀爾醜虜取一作敢謀亂常廛驚黔首竄嚙邊疆天子命我仗鉞專征耀威武討彼不庭嘗聞天地福謙鬼神害盈善惡終其祚惡殄其生咨

爾一作示陰祇固將郊壘召太乙呼雷公馳白虎走青龍
玄龜鎮後朱雀銜前濯蕩皎白掃除妖虹兵不血刃
告厥成功神其知之鑒于尚饗

禡門旗文第二百四

年月日具某謹禡于門旗之神惟神與兵作元揚靈
戎首闢向方之正位立凶器之寵覘指顧師徒于實
賴汝今醜黨尚肆長氛未淸是致伐鼓建牙聲號秉
律籍神陰祐俾建殊功誠宜磨五兵之虛比三軍之
氣納羊大之地載扇華風鑠鯨鯢之屍盡爲京觀神
其鑒之尚饗

禡五方旗文第二百五

年月日具謹禡于五方旗之神惟神稟命昊穹實司所職體國經野正位辨方前指則摧撲凶頑當位則表列師旅伊靈有用由古賴諸我國家自貸無基退宣惠正鯨霄熬枉總八極以天臨木口金鈐震九疆而雷動方資廣被孰敢不實何羊犬之遊魂釁腥擅而背惠鈐宗既典於嘯聚在予藏掌于車徒戎有征事蒇元無爽冀神垂祐陰贊六師奮朱雀以前驅命元龜以後殿青旐鼓蒼龍之氣素旌宣白虎之威黃龍鎭中為我軍主誠宜內順指顧外威姦雄一揮而

龍塞生塵窮虜罄覆載鼓而艮居破膽敗虜磨驚擣大憝于陬隅㩴殊勳于簡牘廓清萬里籍神之靈尚饗

禡六纛旗文第二百六

年月日某謹禡于六纛之神夫行殺氣北方表戎事者大纛是故以黑于飾順其位也爲君之表嚴其令也師徒撙節右在于誠宜我大用威被元兇所當者皆摧所指者皆靡則神順成之功斯亦至矣尚饗

禡五兵文第二百七

年月日某謹禡于五兵之神天道不諂助厥元王我

作五具以征四方靈星爲衆亦名大房角星示本弓名曲張二宿主弩曰遠望熒惑主矢曰傷律彼長戟名大將賴叅星而抑揚今則擅腥聚臭孛彗騰光流血如水傷骨成剛苟不剪滅孰爲忠良洛爾五兵爲天大刑大元之乖象方予之淳精順我動使以撲不庭神靈之尚饗

禡馬文第二百八

年月日某謹禡于馬神東方蒼龍實曰不駟考星史而立象乖休頤大易則乾文取譬懿伊馬之用功爲邦家之大利何倥偬之邊陲聚擅腥之黨類列旗幟

而星旄掉戈矛而起蝟將燿武于三軍當載揚于六纛所賴者窮昊儲禎明神効祉苟歆之叫宜庶陰之不昧尙饗

釁鼓文第二百九

年月日某謹釁于鼓神三軍之威職在鼓旗之用靈爲鬼神塗血致誠古之常典以聲爲度兵之令儀進退周旋實在于爾今則五兵暴露羣醜維構

回兵第二百一十

回兵建五方旗依色配方位中央上位不動故大將軍以黃旗爲四旗之主常使諸軍準望知大將軍所

在處回兵南方有賊大將軍赤旗以應之東方有賊舉青旗應之西方有賊舉白旗應之北方有賊則舉黑旗應之無賊常偃之舉旗者令諸軍知賊所來也旗却偃卽回

國家圖書館出版品預行編目資料

虎鈐經／（北宋）許洞著；李浴日選輯. -- 初版. -- 新北市：華夏出版有限公司, 2022.03
面； 公分. -- (中國兵學大系；06)
ISBN 978-986-0799-40-8(平裝)
1.兵法 2.兵學 3.中國

592.092 110014351

中國兵學大系 006
虎鈐經

著　作	（北宋）許洞
選　輯	李浴日
印　刷	百通科技股份有限公司 電話：02-86926066 傳真：02-86926016
出　版	華夏出版有限公司 220 新北市板橋區縣民大道 3 段 93 巷 30 弄 25 號 1 樓 電話：02-32343788 傳真：02-22234544
E-mail：	pftwsdom@ms7.hinet.net
總 經 銷	貿騰發賣股份有限公司 新北市 235 中和區立德街 136 號 6 樓 電話：02-82275988 傳真：02-82275989 網址：www.namode.com
版　次	2022 年 3 月初版一刷
特　價	新臺幣 680 元 (缺頁或破損的書，請寄回更換)

ISBN-13：978-986-0799-40-8

《中國兵學大系：虎鈐經》由李浴日紀念基金會 Lee Yu-Ri Memorial Foundation 同意華夏出版有限公司出版繁體字版